科创教育

- 9个项目教你熟练掌握掌控板
- 4个方向助你掌握人工智能主要应用
- 从设计思维、计算思维培养高阶认知
- 聚焦学生信息科技核心素养的培育

掌控 AI 进阶之路

中小学生探索人工智能

U0233647

■ 主编 杜涛 许泽方
■ 副主编 蔡俊伟 黄瑞华

人民邮电出版社
北京

图书在版编目（CIP）数据

掌控AI进阶之路：中小学生探索人工智能 / 杜涛，
许泽方主编. -- 北京：人民邮电出版社，2023.7
（科创教育）
ISBN 978-7-115-60802-4

Ⅰ. ①掌… Ⅱ. ①杜… ②许… Ⅲ. ①人工智能－青
少年读物 Ⅳ. ①TP18-49

中国国家版本馆CIP数据核字(2023)第001467号

内 容 提 要

近年来，各个学校陆续开设了丰富多彩的社团活动。其中，人工智能的学习被广为关注，对应地，各个学校采购了五花八门的设备，开始了人工智能的推广。为了构建系统化、生态化的人工智能学习环境，本书选择掌控板作为载体，推广编程教育，介绍人工智能应用。

本书作为科创教育丛书人工智能系列中学版图书，选取 9 个项目从自然语言处理、图像识别、物联网、机器学习这 4 个应用方向展开，循序渐进地介绍了掌控板、掌控板配套硬件、AI 摄像头 2.0 和 mPython 软件的主要使用方法。

本书适合对掌控板及其编程环境有一定了解的小学高年级学生或中学生使用，书中所选项目适宜在学校社团活动中开展。

◆ 主　　编　杜　涛　许泽方
　　副 主 编　蔡俊伟　黄瑞华
　　责任编辑　哈　爽
　　责任印制　马振武
◆ 人民邮电出版社出版发行　　北京市丰台区成寿寺路 11 号
　　邮编　100164　电子邮件　315@ptpress.com.cn
　　网址　https://www.ptpress.com.cn
　　北京宝隆世纪印刷有限公司印刷
◆ 开本：775×1092　1/16
　　印张：6.75　　　　　　　　　2023 年 7 月第 1 版
　　字数：135 千字　　　　　　　2023 年 7 月北京第 1 次印刷
定价：69.90 元
读者服务热线：(010)81055493　印装质量热线：(010)81055316
反盗版热线：(010)81055315
广告经营许可证：京东市监广登字 20170147 号

编 委 会

前　言

　　随着计算科学的发展、普及和时代的需求，人工智能已开始进入人们的日常生活和学习中。《新一代人工智能发展规划》中提出实施全民人工智能教育项目，在中小学阶段设置人工智能相关课程是一件迫在眉睫的事情。中小学生人工智能教育不仅仅是要学生理解人工智能的理论知识，还应培养学生解决实际问题的能力。

　　本书基于 mPython0.7.6 图形化编程软件，创意实现上，主控采用掌中宝（掌控板加上其对应的扩展板掌控宝后的全称），支持 Wi-Fi 和蓝牙连接，配备 OLED 显示屏、声音传感器、光线传感器等多种传感器，包含触摸开关、金手指外部扩展接口，在不外接设备的情况下也能完成多种创意。利用 AI 摄像头 2.0 实现典型人工智能应用，AI 摄像头 2.0 告别烦琐复杂的训练过程和视觉算法，可以完成人脸识别、物体识别、二维码识别、颜色识别，甚至物体追踪、物体分类、物体学习、拍照、录像等，能够帮学习者轻松实现各种 AI 创意项目。

　　本书作为武汉市东西湖区人工智能校本课程的中学版图书，适合对掌控板和软件编程有一定基础的学生使用，内容上选取 9 个项目从自然语言处理、图像识别、物联网、机器学习这 4 个应用方向展开，循序渐进地介绍了掌控板、掌控板配套硬件、AI 摄像头 2.0 和 mPython 软件的主要使用方法。

　　本书的编写，由武汉市吴家山第三中学牵头，由东西湖区教育局普教科组织东西湖区科创教研团队参与。本书的定位结合人工智能课程教学实际，为全区广大中小学生开发一套成体系的社团用人工智能教育应用图书。本书融合团队成员长期开展中小学人工智能教学的经验，以生活中的问题和情景引发思考，激发学生好奇心、求知欲，用语轻松简洁，结构逻辑严谨，是体现科创教育理念的人工智能图书，有助于培养学生解决实际问题的能力，适合普通中小学学生学习或阅读。

为了方便教师和学生学习，本书配套教学课件、素材和程序源代码（交流 QQ 群为 609109347）。编写团队还面向一线教师提供完整的培训服务，并为刚接触人工智能的中小学生精心录制了操作视频，让学生跟着教师一起开启人工智能的学习之路。

1 掌控板

掌控板是一款为 mPython 编程学习而生的开源硬件（见图 1），支持 mPython 代码编程和主流图形化编程软件，同时兼容 C++、Python 等计算机语言，还可以烧录程序、进行 App 控制等，轻量化的设计使其可以化作你的掌上游戏机。内置无线网卡，支持 Wi-Fi 和蓝牙，形成物联网节点，万物皆由你掌控！配备 OLED 显示屏、RGB LED 灯等多种智能硬件，包含触摸开关、金手指外部扩展接口，在不外接设备的情况下也能完成多种创意作品。

掌控板的扩展兼容性强，包含丰富的智能硬件、结构件等周边资源，可连接扩展板，方便连接各种传感器，通过控制各种输入输出模块，制作各种作品，让创意快速实现。

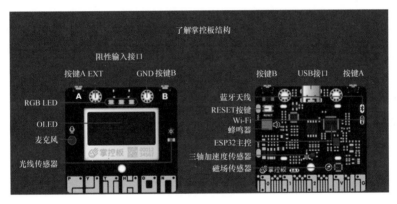

图 1　掌控板结构

2 AI摄像头2.0

AI 摄像头 2.0（见图 2，以下简称 AI 摄像头）既可当作 AI 视觉传感器，也可当作 AI 开发板。它集成了 K210 高性能 64 位双核芯片，内置 AI 硬件加速单元（KPU、FPU、FFT 等），告别烦琐复杂的训练过程和视觉算法，可实现各类场景的本地视觉算法，可以一键完成 AI 训练。

虽然它的体积很小，但内含可不少呀。包含 2 英寸（1 英寸≈2.54 厘米）IPS 显示屏、200 万像素摄像头、2 个全彩灯珠、2 个物理按键和通信接口。其内置人脸识别、20 类物体识别、颜色识别、二维码识别、物体分类、物体学习、物体识别和拍照、录像等功能，可以轻松实现各种 AI 视觉创意项目。当然也能支持 mPython、mPythonX、Mixly、Mind+ 等编程软件进行编程，可实现人工智能机器人、创客智造作品等智能控制类应用。

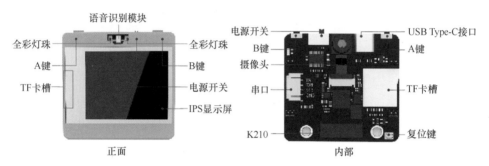

图 2　AI 摄像头 2.0 结构

3　mPython0.7.6

　　mPython0.7.6 是一款非常受欢迎的应用软件（见图 3）。功能也十分强大，可以进行可视化代码编程，对于学习者来说，它的使用简单便捷，可以不依赖网络，直接离线安装使用。部分程序编写完成后通过右侧仿真区即可运行验证，无须连接掌控板，让调试更简单。其界面以双屏互动的方式能更直观地呈现图形化和代码对照。数形结合、学科融合、掌控板第三方应用生态支持和在线编程协助等众多优势吸引广大从事人工智能教育的爱好者利用 mPython 软件积极地开发相关课程。

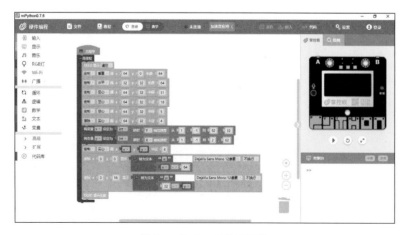

图 3　mPython0.7.6 界面

目　录

项目1 听话的风扇

情境描述

　　人工智能的出现改变了我们的生活方式，如智能音箱、送餐机器人、车载导航系统等，是我们生活中常常见到的智能应用。在人机交互的智能应用中，语音识别常常作为人机交互方式，向人们的生活快速渗透，如语音控制智能音箱、语音控制智能导航、语音控制智能空调等。今天，小明想要借助掌中宝、AI摄像头和相关套件，自己模拟制作一款用语音控制的风扇，如图1-1所示。

图1-1　用语音控制的风扇

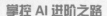 **想一想**

该如何制作一款听话的智能风扇呢？

要设计制作听话的风扇，我们可以分成两个步骤。
①用语音识别技术，让风扇听懂我们的命令。
②听懂我们发出的"打开""关闭"命令后，风扇执行开启或关闭的操作。

学一学

语音识别技术是将人的声音转化为文本的技术，如智能手机中的语音输入法、语音备忘录等，都是语音识别的智能应用，而现如今用语音控制风扇转动也需要语音识别技术结合输入、输出的电子模块来完成制作。

1. 输入模块——AI 摄像头

使用 AI 摄像头中的离线语音识别模块来做智能风扇的声音输入与声音识别，使它能够"听懂"人们发出的语音命令。如图 1-2 所示，在面向显示屏的方向，全彩灯珠的中间，就是语音识别模块，连接时需要用黄色线连接 P15 引脚，白色线连接 P16 引脚。

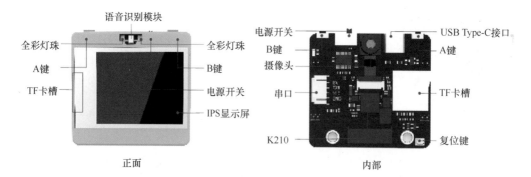

图 1-2 AI 摄像头

只要编写语音控制风扇的程序指令，将程序运行起来之后，AI 摄像头将会自动切换到语音识别模式（见图 1-3），这样就可以开始语音识别控制风扇了。

图 1-3　进入语音识别

2. 输出模块——FF30 电机（带风扇叶）

我们可以用电机模块来模拟搭建智能风扇。电动机（Motor）是把电能转换成机械能的一种设备。它利用通电线圈（也就是定子绕组）产生旋转磁场并作用于转子（如鼠笼式闭合铝框）形成磁电动力旋转扭矩。电动机工作原理是磁场对电流受力的作用，使电动机转动，按使用电源不同分为直流电动机和交流电动机。图 1-4 中的 FF30 电机是科技模型和教育装备中常见的一种直流电动机。

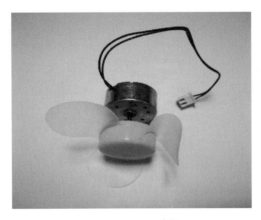

图 1-4　FF30 电机

想一想

明白了组成智能风扇的基本电子硬件，我们需要对智能风扇进行系统分析，对整个作品进行分解（见表 1-1），便于作品的制作与后期调试。

表1-1　语音控制智能风扇的作品分解

希望实现的功能	需要的器材	用到的编程模块
利用一个设备在没有网络的情况下采集声音	利用 AI 摄像头的离线语音识别模块实现	添加识别词 " da-kai " ID: 0 添加识别词 " guan-bi " ID: 1
设计风扇外观，嵌套电子元器件	利用积木件搭建的形式设计制作	
转动 FF30 电机	利用 FF30 电机编程实现	扩展板 打开直流电机 M1 · 正转 · 速度 100

试一试

按照前面的系统分析，除了电路的搭建，我们还需要完成外观结构的制作。请同学们绘制语音控制风扇作品的设计草图，图1-5所示为小明设计的智能风扇的设计草图，请你也来绘制一个吧！

草图设计示意图	我绘制的智能风扇示意图
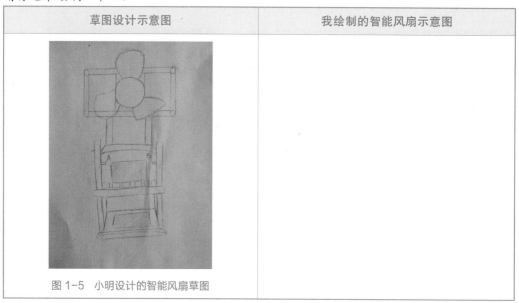 图1-5　小明设计的智能风扇草图	

做一做

对智能风扇完成了系统的分析后，我们按照步骤一步步来完成这个作品吧！

1. 电路连接

在开始编写程序之前，我们需要将智能风扇的输入、输出模块与掌中宝连接起来。

将 AI 摄像头的黄线接掌中宝的 P15 引脚、白线接 P16 引脚、红线接正极、黑线接负极，
FF30 电机接 M1 端口，电路连接如图 1-6 所示。

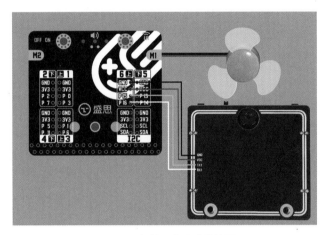

图 1-6　智能风扇电路连接图

2. 程序编写

电路连接成功后，需要将各个模块的编程指令拼接起来，完成语音控制智能风扇的
程序设计。该程序设计主要可以分成 3 个部分。

① 硬件的初始化。掌中宝外接 AI 摄像头后，需要对连接的引脚（P15、P16）做初
始化说明，如图 1-7 所示。

图 1-7　硬件的初始化

在使用语音识别模块时，AI 摄像头需要同掌中宝进行
数据交换，AI 摄像头发送数据时，掌中宝为接收端；
反之，掌中宝发送数据时，AI 摄像头为接收端。

② 语音识别的初始化。在使用语音识别时，需要定义语音"da-kai"的 ID 为 0，语
音"guan-bi"的 ID 为 1，如图 1-8 所示。

图 1-8　语音识别的初始化

③ 开始语音识别并判断识别结果。开始语音识别，并将识别结果赋值给变量 result，当 result 的值为 0 时，表示人们发出了"da-kai"的语音，所以将控制风扇的电机打开；当 result 的值为 1 时，表示人们发出了"guan-bi"的语音，所以将控制风扇的电机关闭，如图 1-9 所示。

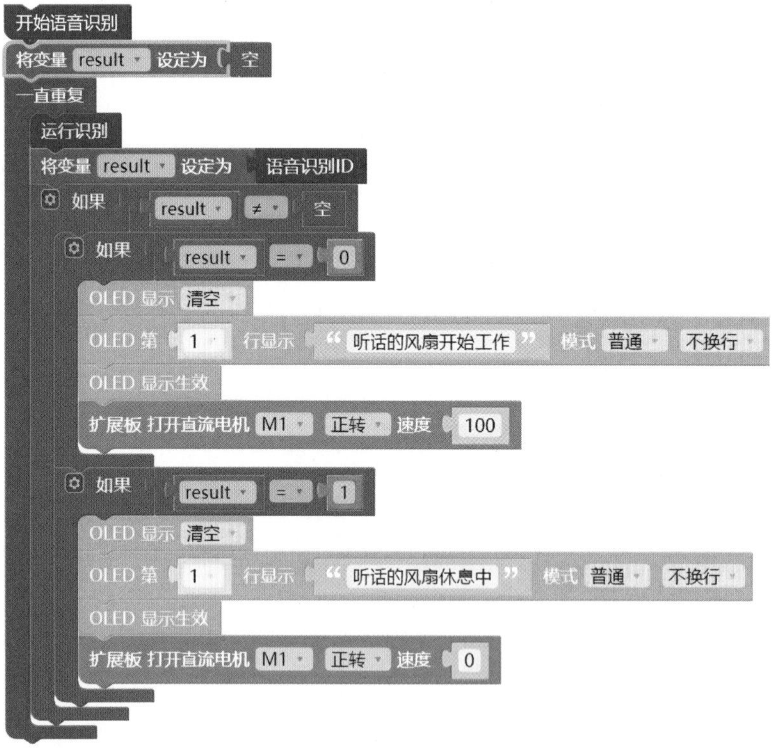

图 1-9　开始语音识别并判断识别结果

3. 组装与调试

请同学们搭建好风扇的外观结构，按照前面的编程思路完善自己的程序，并将程序刷入掌中宝中，感受一下语音控制风扇的功能，和我们预期的有差距吗？

4．迭代与升级

每一件初创作品都有很大的改进空间，在制作过程中，大家一定能意识到作品的不足之处，那么，可以采用什么方式去进行改进呢？请在表1-2中进行记录。

表1-2 作品优化记录表

不足之处	改进措施

评一评

1．我们的分享

创客的精神在于分享，请同学们在班上展示、分享自己的作品，说一说你对该作品最满意的部分，并在表1-3中进行记录。

表1-3 作品分享陈述表

分享内容	作品的创新点	
	作品的功能演示	
	在作品制作过程中的反思	
	对作品进行的改进和升级	
如何分享	分享展示，需要做哪些准备	
	我的分享重点	
	小组分工的特点	

2．我们的反思

在项目制作的过程中，我们遇到了一些困难，在表1-4中记录遇到的问题和解决办法，便于以后作品的升级与优化。

表1-4　作品反思记录表

遇到的困难	我们的反思

3. 我们的评价

请拿出你们的画笔，在表1-5中填涂自己的评价等级，5颗星表示卓越，4颗星表示优秀，3颗星表示良好，2颗星表示一般，1颗星表示继续努力。

表1-5　学习评价量表

评价维度	评价标准	我的星数
项目作品	我能掌握离线语音识别模块的使用	☆☆☆☆☆
	我的程序设计合理，能实现预期功能	☆☆☆☆☆
	我的作品结构稳固，外观简洁，功能实用	☆☆☆☆☆
学习表现	我能主动探索，遇到问题积极解决	☆☆☆☆☆
	我能与其他同学团结协作，分享交流	☆☆☆☆☆
	我能不断反思，形成一定的批判精神	☆☆☆☆☆

读一读

图灵测试

如何判断一台机器是否拥有智能呢？图灵测试是英国科学家艾伦·麦席森·图灵提出的判断机器是否拥有人类智能的方法。

图灵在1950年发表的论文《计算机器与智能》中提出了判断机器是否具有智能的思想实验。实验中，将一个机器人（A）和一个人（B）分置于不同房间，另外一个人（C）与A和B分隔开，作为测试者的C，不能直接见到房间中的A和B，但可以通过类似于终端的文本设备，与A和B进行交互问答。如果在询问过程中，无法分辨出A和B的差别，即认为A和B是等同的。B作为人类，是有智能的且具备思考能力，那么作为与B无差别的A，也就是机器，也应该是具备智能的，同样也是具备思考能力的，于是A通过了图灵测试。图1-10是图灵测试的示意图。

图 1-10　图灵测试示意图

比一比

图 1-11 所示是项目 1 "听话的风扇"的完整示例程序，我们可以将自己编写的程序和示例程序进行对比，说一说各有什么优点。

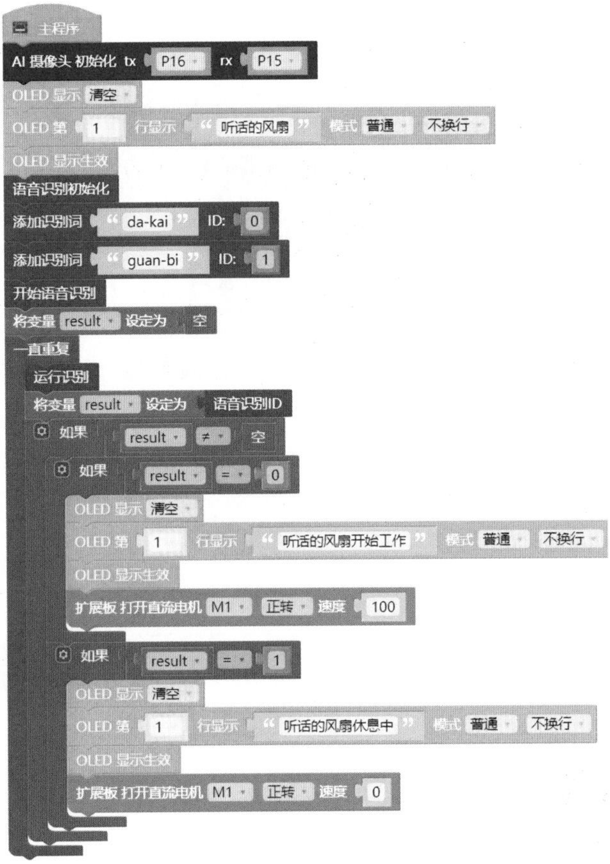

图 1-11　项目 1 完整示例程序

项目 2 暖灯随心点

情境描述

人工智能已经渗透我们生活的方方面面，Wi-Fi 的普及也让人们的生活变得更加智能。但其实智慧生活也可以由自己创造，我们的掌中宝就可以和家里的 Wi-Fi 联动，今天，小明想尝试调用讯飞语音平台，制作一款在线语音控制的小夜灯，如图 2-1 所示。

图 2-1　创意小夜灯

想一想

不使用 AI 摄像头的语音识别模块，又该如何让小夜灯识别我们说的话呢？

不用担心！要设计语音控制的小夜灯，我们只需解决这两个问题。
① 利用掌中宝调用讯飞语音平台中的语音识别功能。
② 利用输出设备 RGB LED 灯带实现灯效。

学一学

1. 掌中宝调用"讯飞语音"

如图 2-2 所示，在 mPython 平台的"扩展"—"AI"—"讯飞语音"模块组有录音、识别录音结果等模块。我们可以利用这些模块，结合掌中宝实现语音识别的功能设计。

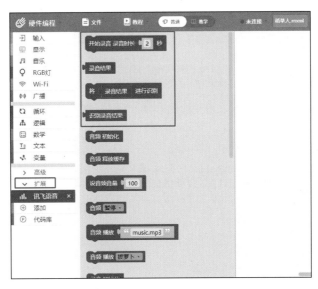

图 2-2　mPython 平台音频相关模块

2. RGB LED 灯带

如图 2-3 所示，RGB LED 灯带由多个 RGB LED 灯组成，每个 RGB LED 灯都自带红（R）、绿（G）、蓝（B）3 种颜色，基于光的三基色原理，我们可以通过指令给 RGB 设置不同数值，让灯带发出不同颜色的光。在使用灯带的时候，要注意将黑色的线接灯带的 GND 引脚（接地）、红色的线接 VCC 引脚（正极）、黄色的线接 IN 引脚（输入）。

图 2-3　RGB LED 灯带

想一想

了解了完成小夜灯作品的基本软硬件，我们需要对该作品进行系统分析，对整个作品进行分解（见表 2-1），便于作品的制作与后期调试。

表 2-1　在线语音控制开关灯的作品分解

希望实现的功能	需要的器材	用到的编程模块
设备能采集声音，并在网络平台上对比后，识别出说话内容	利用掌中宝的麦克风收入声音，用 mPython 平台的录音、语音识别等模块实现	开始录音 录音时长 [2] 秒 录音结果 将 录音结果 进行识别 识别录音结果
为小夜灯设计合适的外观，且能较好地透光	可以利用 3D 打印、激光切割、纸板搭建等形式制作	
实现小夜灯的照明	在 mPython 平台编程，利用 RGB LED 灯带实现照明	灯带初始化 名称 my rgb 引脚 [P13] 数量 [5] 灯带 my rgb [0] 号 颜色为 ■ 灯带 my rgb [0] 号红 [255] 绿 [50] 蓝 [0] 灯带 my rgb 设置生效 灯带 my rgb 关闭

试一试

　　小夜灯主要实现在线语音控制开关灯，灯的颜色其实有很多选择，如果用作照明，最好用白光；还可以考虑做多个不同的"小海星"，点亮不同颜色的灯光，起到一定的装饰效果。请同学们绘制小夜灯作品的设计草图，图 2-4 为小明设计的小夜灯的设计草图，请你也来绘制一个吧！

草图设计示意图	我绘制的小夜灯示意图
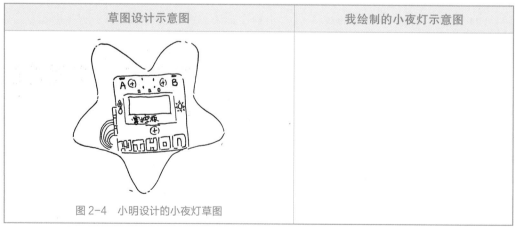 图 2-4　小明设计的小夜灯草图	

做一做

对小夜灯完成了系统的分析后，我们按照步骤一步步来完成这个作品吧！

1. 电路连接

使用杜邦线将 RGB LED 灯带的 VCC、GND、IN 引脚与扩展板的 VCC、GND、P13 引脚连接。电路连接如图 2-5 所示。

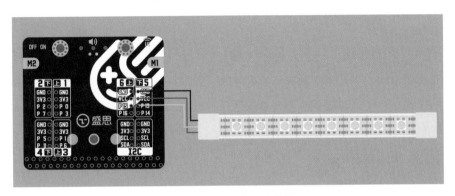

图 2-5　小夜灯电路连接图

2. 程序编写

电路连接成功后，需要将各个模块的编程指令拼接起来，完成在线语音识别小夜灯的程序设计。该程序设计主要可以分成 4 个部分。

① 程序的初始化。如图 2-6 所示，在程序的初始化部分，我们需要根据使用情况，填写用到的 RGB LED 灯数量；通过"连接 Wi-Fi"模块，输入当前 Wi-Fi 的名称和密码；新建一个变量，用来存储后面的识别结果；通过"显示"模块制作一个一目了然的说明也是很有必要的。

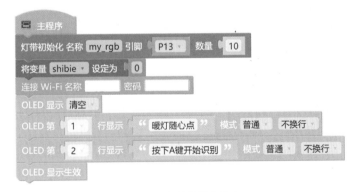

图 2-6　初始化部分程序

② 开启语音识别。参照图 2-7 所示的程序，一定要按下 A 键哦，按下 A 键干什么呢？当然是提示后面的操作，还有很重要的一点，开启了语音识别！

图 2-7　按下 A 键后的显示屏显示

③ 录音和识别。如图 2-8 所示，我们首先进行几秒时间内的录音，将录音结果在讯飞平台进行识别，并将识别结果保存在变量中，同时在显示屏上进行显示，帮助我们判断识别结果是否正确。

图 2-8　在线语音识别模块的调用

④ 最后，如图 2-9 所示，我们要考虑 3 种情况下灯的亮灭及显示内容。为什么是 3 种情况呢？不就是识别"开灯"和"关闭"吗？理论和实际，偶尔还是有差距的，发音是否标准、网络是否优良都会对识别结果造成影响，所以我们经常会看到显示屏显示一些莫名其妙的识别结果，没事，发音准一点，再来一遍！

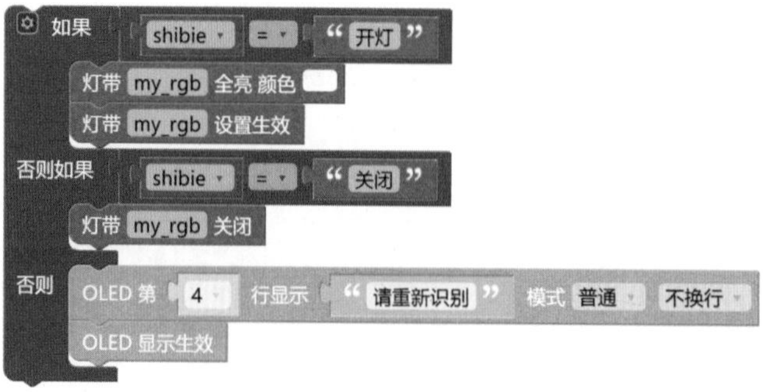

图 2-9　3 种不同识别结果下的程序实现

3．组装与调试

请同学们搭建好外观结构，按照前面的编程思路完善自己的程序，下载程序后，感受一下在线语音控制开关灯效果，和我们预期的有差距吗？

4．迭代与升级

每一件初创作品都有很大的改进空间，在制作过程中，大家一定能意识到作品的不足之处，那么，可以采用什么方式去进行改进呢？请在表 2-2 中进行记录。

表 2-2　作品优化记录表

不足之处	改进措施

评一评

1．我们的分享

创客的精神在于分享，请同学们在班上展示、分享自己的作品，说一说你对该作品最满意的部分，并在表 2-3 中进行记录。

表 2-3　作品分享陈述表

分享内容	作品的创新点	
	作品的功能演示	
	在作品制作过程中的反思	
	对作品进行的改进和升级	
如何分享	分享展示，需要做哪些准备	
	我的分享重点	
	小组分工的特点	

2. 我们的反思

在项目制作的过程中，我们遇到了一些困难，在表2-4中记录遇到的问题和解决办法，便于以后作品的升级与优化。

表2-4　作品反思记录表

遇到的困难	我们的反思

3. 我们的评价

请拿出你们的画笔，在表2-5中填涂自己的评价等级，5颗星表示卓越，4颗星表示优秀，3颗星表示良好，2颗星表示一般，1颗星表示继续努力。

表2-5　学习评价量表

评价维度	评价标准	我的星数
项目作品	我能掌握在线语音识别模块的使用	☆☆☆☆☆
	我的程序设计合理，能实现预期功能	☆☆☆☆☆
	我的作品结构稳固，外观简洁，功能实用	☆☆☆☆☆
学习表现	我能主动探索，遇到问题积极解决	☆☆☆☆☆
	我能与其他同学团结协作，分享交流	☆☆☆☆☆
	我能不断反思，形成一定的批判精神	☆☆☆☆☆

读一读

语音识别

语音识别的目的是把人说的话转化为文字或者机器可以理解的指令，从而实现人与机器的语音交流。

语音识别技术已经在现实生活中得到了广泛的应用。现在多数智能手机提供了语音助手，发微信时可以直接对语音助手说话，然后语音助手就会将说话内容转成文字，这样一条微信消息就能轻轻松松地完成发送了。发短信、打电话、打开导航，这些日常的事情都可以通过对话的方式轻松实现。

机器进行语音识别主要包括 3 项技术：声音的特征提取、声音与文字的模型训练及模式匹配。

为了让机器能够识别声音，需要提取声音的特征。常见的特征包括频率、时长、共振峰等。这些特征就是机器进行语音识别的参数。

每种声音的特点各不相同，机器进行语音识别时，需要与模型进行对照。模型是哪来的呢？在训练模型之前，首先需要输入大量的语音和文字，分别建立声音对应的语音数据库和文本数据库。将两个数据库中的数据分别训练，形成声学模型和语言模型（见图 2-10）。

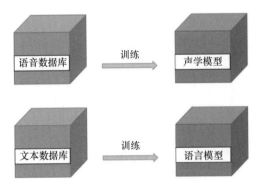

图 2-10　训练数据

模式匹配就是将输入的声音特征转换为数据，依次与模型库中训练出的声学模型和语言模型进行匹配。与声学模型匹配后得到相似度高的声音，与语言模型匹配后得到对应的文字。最后根据语言表述的习惯，输出识别结果。语音识别流程如图 2-11 所示。

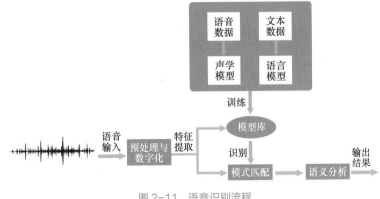

图 2-11　语音识别流程

比一比

图 2-12 所示是项目 2 "暖灯随心点" 的完整示例程序，我们可以将自己编写的程序和示例程序进行对比，说一说各有什么优点。

图 2-12　项目 2 完整示例程序

项目 3　倒车请注意

情境描述

　　蝙蝠能在黑夜里高速飞行而不会与任何障碍物相撞是因为它采用了超声波来测距和定位。根据这个原理制作的倒车雷达是汽车泊车或者倒车时的安全辅助装置，由超声波传感器、控制器和显示器（或蜂鸣器）等部分组成。倒车雷达不停地提醒司机汽车距后面物体还有多远，到危险距离时，提醒司机不要靠近障碍物，及时停车。小明准备用掌中宝和传感器等设备设计一款倒车雷达用在小车上，如图 3-1 所示。

图 3-1　倒车雷达

想一想

我想让我的倒车雷达能用语音进行提示，该如何制作呢？

要设计制作具备语音播报功能的智能倒车雷达，我们必须解决两个问题。
①能不停地用超声波传感器测量距离。
②到达报警距离时，倒车雷达能进行语音提示。

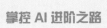

1. 超声波测距

超声波测距原理是通过超声波发射器向某一方向发射超声波，在发射的同时开始计时，超声波在空气中传播时碰到障碍物就立即返回来，超声波接收器收到反射波就立即停止计时。超声波在空气中的传播速度为 v，而根据计时器记录的发出发射波和接收反射波的时间差 Δt，就可以计算出发射点距障碍物的距离 S，即：

$$S = v \cdot \Delta t/2$$

这就是所谓的时间差测距法，如图 3-2 所示。

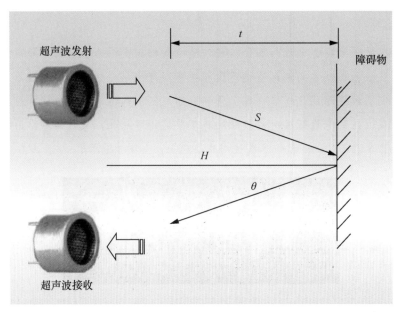

图 3-2　超声波测距原理图

掌中宝配套的超声波传感器采用 I²C 接口同掌中宝交换数据，连接时需要用红色线连接 VCC 引脚、绿色线连接 SDA 引脚、黄色线连接 SCL 引脚、黑色线连接 GND 引脚。

2. TTS 在线文字转语音

TTS 是 Text To Speech 的缩写，即"从文本到语音"，是人机对话的一部分，将文本转化为语音，让机器能够说话。掌中宝的在线语音合成功能可以使用讯飞在线语音合成 API，用户在使用该功能前，需要在 mPython 编程平台中添加"讯飞语音"，如图 3-3 所示，同时还要在"讯飞开放平台"注册并做相应的配置，如图 3-4 所示。

图 3-3　在"AI"模块中添加"讯飞语音"

图 3-4　"讯飞开放平台"注册页面

　　申请账号后，我们就可以进入"产品服务"，选择对应的人工智能应用，这里我们选择"在线语音合成"，进入对应的"服务管理"（见图 3-5），创建自己的应用（见图 3-6），"应用名称"应用分类"应用功能描述"按照自己的实际需求进行填写。

图 3-5 讯飞"在线语音合成"　　　　　　　图 3-6 "创建应用"

创建应用并提交后，平台就会弹出"服务接口认证信息"，如图 3-7 所示。在后面进行应用时，只需要将自己的 APPID、APISecret、APIKey 复制粘贴到对应的 mPython 讯飞语音模块中即可。

图 3-7 生成 API

想一想

明白了组成倒车雷达的基本电子硬件和对应软件模块，我们需要对倒车雷达进行系统分析，对整个作品进行分解（见表 3-1），便于作品的制作与后期调试。

表 3-1　倒车雷达的作品分解

希望实现的功能	需要的器材	用到的编程模块
测量出汽车离障碍物的距离	利用配套的超声波传感器和软件中的超声波测距模块	将变量 distance 设定为 I2C超声波
当超声波传感器测量距离小于一定距离时，将文字"倒车请注意"转化为读音进行提示	通过 Wi-Fi 连接上网，再使用讯飞在线语音合成 API	

试一试

按照前面的系统分析，除了电路的搭建，我们还需要完成外观结构的制作。请同学们绘制倒车雷达作品的设计草图，图 3-8 为小明设计的倒车雷达的设计草图，请你也来绘制一个吧！

草图设计示意图	我绘制的倒车雷达示意图
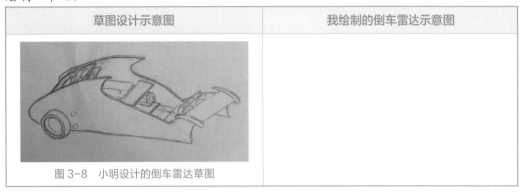 图 3-8 小明设计的倒车雷达草图	

做一做

对倒车提醒功能的实现进行系统分析后，我们按照步骤一步步来完成倒车雷达吧！

1. 电路连接

将超声波传感器接在 I²C 接口，电路连接如图 3-9 所示。

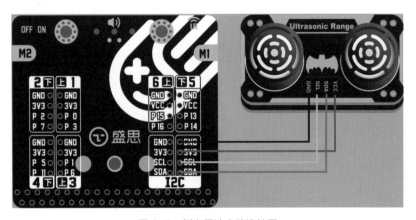

图 3-9 倒车雷达电路连接图

2. 程序编写

① 程序初始化。程序中用到 TTS 语音合成，就必须连接 Wi-Fi，怎样知道 Wi-Fi 是否连接成功呢？我们可以在程序中加一行文字显示来进行判断（见图 3-10）。

图 3-10　项目初始化设置

② 讯飞语音合成音频的设置。我们设定语音合成的文字内容，保存在变量 name 中，将文字转成的音频保存在变量 baocun 中，根据自己申请的账号，填写 APPID、APISecret、APIKey。记住需要对音频初始化，并根据自己的需求设置音频音量的大小（见图 3-11）。

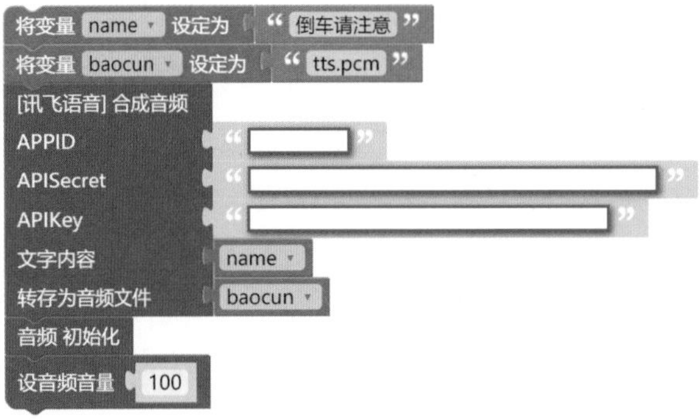

图 3-11　语音合成模块的使用

③ 距离的判断和语音提醒的实现。在具体功能实现部分，我们首先需要将超声波传感器测到的离障碍物的距离保存到变量 distance 中并将其显示。然后选一个数值进行判断，distance 的值小于该数值的话，显示屏进行文字提醒，同时通过 TTS 语音合成技术播放提示声音（见图 3-12）。

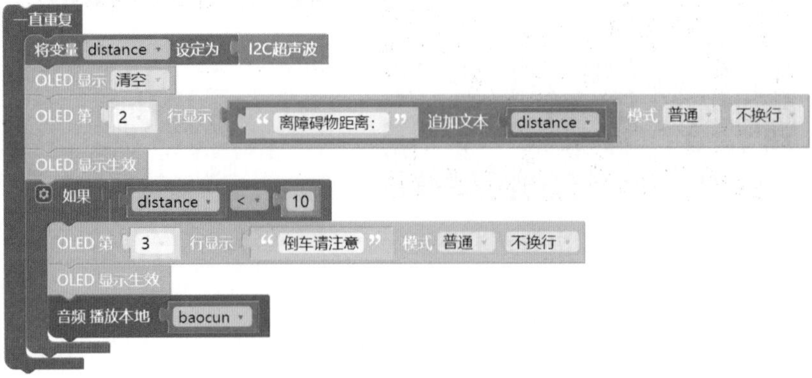

图 3-12　具体功能实现

3. 组装与调试

下载程序后，感受一下倒车雷达的功能，是不是行车更安全了？

4. 迭代与升级

每一件初创作品都有很大的改进空间，在制作过程中，大家一定能意识到作品的不足之处，那么，可以采用什么方式去进行改进呢？请在下表 3-2 中进行记录。

表 3-2　作品优化记录表

不足之处	改进措施

评一评

1. 我们的分享

创客的精神在于分享，请同学们在班上展示、分享自己的作品，说一说你对该作品最满意的部分，并在表 3-3 中进行记录。

表 3-3　作品分享陈述表

分享内容	作品的创新点	
	作品的功能演示	
	在作品制作过程中的反思	
	对作品进行的改进和升级	
如何分享	分享展示，需要做哪些准备	
	我的分享重点	
	小组分工的特点	

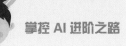
2. 我们的反思

在项目制作的过程中，我们遇到了一些困难，在表3-4中记录遇到的问题和解决办法，便于以后作品的升级与优化。

表3-4 作品反思记录表

遇到的困难	我们的反思

3. 我们的评价

请拿出你们的画笔，在表3-5中填涂自己的评价等级，5颗星表示卓越，4颗星表示优秀，3颗星表示良好，2颗星表示一般，1颗星表示继续努力。

表3-5 学习评价量表

评价维度	评价标准	我的星数
项目作品	我能掌握 TTS 语音合成的使用	☆ ☆ ☆ ☆ ☆
	我的程序设计合理，能实现预期功能	☆ ☆ ☆ ☆ ☆
	我的作品结构稳固，外观简洁，功能实用	☆ ☆ ☆ ☆ ☆
学习表现	我能主动探索，遇到问题积极解决	☆ ☆ ☆ ☆ ☆
	我能与其他同学团结协作，分享交流	☆ ☆ ☆ ☆ ☆
	我能不断反思，形成一定的批判精神	☆ ☆ ☆ ☆ ☆

读一读

语音合成

"今天的天气？"当打开手机提出这个问题时，手机会播报："今天天气多云，气温26℃"。这里手机的语音回答，就用到了语音合成技术。

语音合成又称文语转换（Text to Speech）技术，能将任意文字信息实时转化为标准流畅的语音朗读出来，相当于给机器装上了人工嘴巴。

语音合成技术涉及声学、语言学、数字信号处理、计算机科学等多个学科领域，是人工智能技术的典型应用之一，解决的主要问题就是将文字信息转化为可听的声音信息，即让机器像人一样开口说话。

语音合成的基本过程就是将输入的文本内容转化为波形输出，具体过程如图 3-13 所示，语音合成系统分为两部分，分别为前端和后端。前端主要负责对输入文本进行文本分析，后端通过声学模型合成最终的语言。

输入文本 → 文本分析 → 波形生成 →

前端　　　　　　　　　　　　后端

图 3-13　语音合成的基本过程

语音合成技术在我们日常生活中的应用也非常广泛，例如，导航播报系统、天气预报系统、医院排队叫号系统等都用到了语音合成技术。

比一比

图 3-14 所示是项目 3 "倒车请注意"的完整示例程序，我们可以将自己编写的程序和示例程序进行对比，说一说各有什么优点。

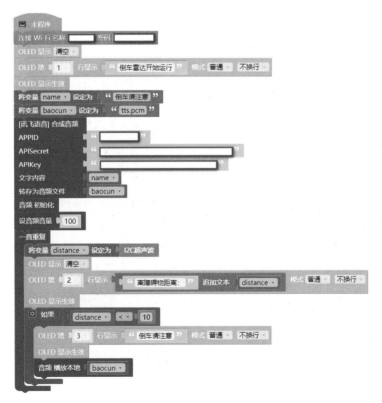

图 3-14　项目 3 完整示例程序

项目 4　你问我来答

情境描述

我们经常在生活中玩各种各样的益智小游戏，你们玩过"你问我答"互动小游戏吗？出题人给出题目，答题人需要成功地回答出相应的答案。今天，小明想借助掌中宝、AI摄像头，以及相关电子元器件，来模拟制作一款游戏玩伴——出题机器人（见图4-1），陪小丽玩一玩"你问我答"互动小游戏。

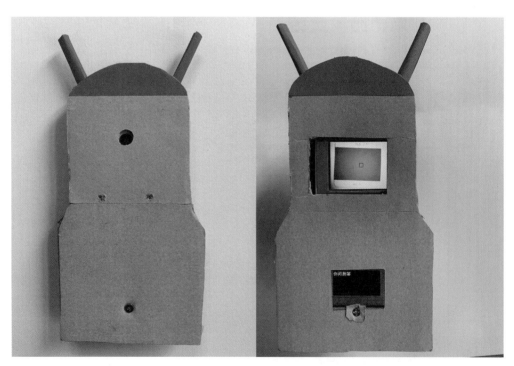

图 4-1　出题机器人

想一想

如何利用颜色识别技术制作一款出题机器人这样的游戏玩伴呢？

要设计符合你要求的出题机器人，我们需要解决两个问题。
①利用AI摄像头学习并识别颜色。
②能随机出题，并根据识别的颜色判断对错。

学一学

机器视觉就是机器代替人眼实现对目标的识别、分类、跟踪和场景判断。颜色识别基于不同亮度下对色彩属性进行识别和区分。我们的 AI 摄像头就具备了颜色识别的功能。

1. AI 摄像头学习颜色

通过编写程序，即可利用 AI 摄像头学习与识别颜色。将程序刷入掌中宝后，按下 AI 摄像头的 A 键（见图 4-2）学习颜色。

图 4-2 AI 摄像头 A、B 键

学习颜色的步骤如下。

①将 AI 摄像头对准目标颜色块，AI 摄像头显示屏中的小方框所在的位置是摄像头学习颜色的区域，显示屏左下角显示的是所学习颜色的 R、G、B 值（见图 4-3）。同一个颜色块，受光线影响，其 R、G、B 值会有所不同。

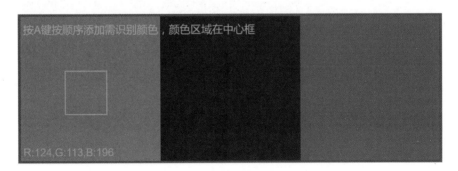

图 4-3 准备搜集卡片颜色数据

②调整 AI 摄像头与颜色块的角度与距离，按下 A 键开始学习颜色，学习结束后松开按键 A，如果学习成功，则会出现 ID（见图 4-4）。

图 4-4　学习卡片颜色

③用同样的方法，对准其他颜色，再次按下 A 键，学习另一种颜色。学习颜色的数量需根据程序中所设置的添加数量来确定（见图 4-5）。

图 4-5　按需求学习多种颜色

学习了多种颜色后，AI 摄像头可对已学习的颜色进行识别（识别颜色同样需要编写程序）。识别过程中，显示屏上会根据相应颜色显示该颜色的 ID。AI 摄像头显示的颜色 ID 与学习颜色的先后顺序是一致的，即 ID 会按顺序依次标注为 "ID: 0" "ID: 1" "ID: 2"，以此类推，如图 4-6 所示。

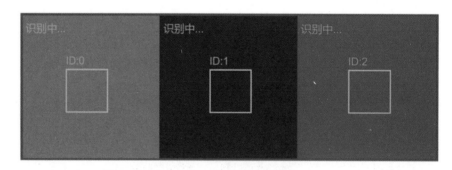

图 4-6　识别卡片颜色

2. AI 摄像头识别学习过的颜色

将 AI 摄像头对准目标颜色块，如图 4-7 所示。

对准蓝色卡片，调整合适位置，按下 AI 摄像头的 A 键，AI 摄像头显示的颜色 ID 编号为 "ID:0"，表示学习成功，如图 4-8 所示。

图 4-7 调整位置，选择目标颜色块

图 4-8 按下 A 键，显示 "ID：0"

同样地，将摄像头对准黑色卡片，按下 A 键开始第二次学习，ID 编号为 "ID:1"；再对红色卡片进行学习，ID 编号为 "ID: 2"。同学们可以调整颜色卡片学习的顺序，但是要记清楚颜色学习时对应的 ID，在程序编写时，ID 要和颜色相对应。

想一想

明白了 AI 摄像头颜色识别功能的使用方法，我们需要对出题机器人进行系统分析，对整个作品进行分解（见表 4-1），便于作品的制作与后期调试。

表 4-1　出题机器人的作品分解

希望实现的功能	需要的器材	用到的编程模块
学习并识别颜色	利用 AI 摄像头的颜色识别模块实现	颜色识别初始化 摄像头 默认 按A键按顺序添加颜色数据，数量 1 运行识别 识别结果ID
随机出题，根据随机给出的题目进行互动	利用随机数实现	将变量 n 设定为 从 1 到 3 之间的随机整数
设计机器人外观，嵌套电子元器件	利用 3D 打印、激光切割、纸板搭建等形式制作	

试一试

按照前面的系统分析，除了电路的搭建，我们还需要完成外观结构的制作。请同学们绘制出题机器人的设计草图，图 4-9 为小明的设计草图，请你也来绘制一个吧！

草图设计示意图	我绘制的出题机器人示意图
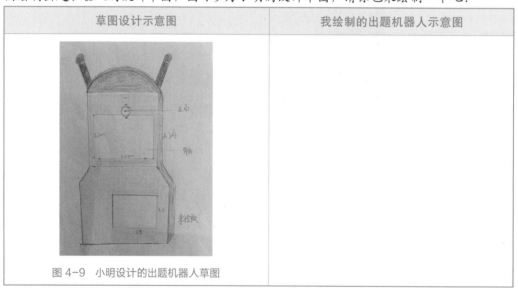图 4-9　小明设计的出题机器人草图	

做一做

对出题机器人完成了系统的分析后，我们按照步骤一步步来完成这个作品吧！

1. 电路连接

在开始编写程序之前，我们需要将AI摄像头连接在掌中宝上，AI摄像头的黄线接掌中宝P15引脚、白线接P16引脚、红线接正极（3V3引脚）、黑线接负极（GND引脚），如图4-10所示。

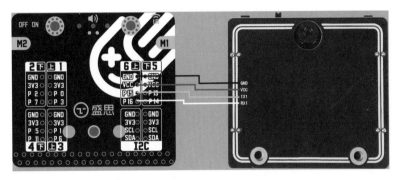

图4-10　出题机器人电路连接图

2. 程序编写

要实现完整功能，我们首先要将掌中宝和AI摄像头进行连接，完成出题机器人的程序设计。具体可以分成以下几个步骤。

① 颜色识别初始化。调出对应的颜色识别模块，跟据学习颜色的种类确定数量（见图4-11）。一定要注意，这里的A键指的是AI摄像头的A键，千万不要混淆了哦。

图4-11　调用颜色识别模块

② 显示项目名称。用来提醒使用者，准备工作已经完成，可以按照操作程序开始我们的小游戏了！顺便在这里添加好后面需要使用的变量（见图4-12）。

图4-12　显示项目名称

③ 出题。按下掌中宝的 B 键，利用随机数，随机生成问答（见图 4-13）。

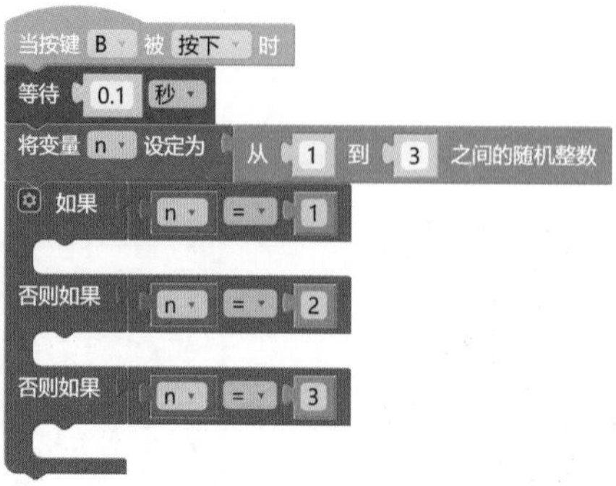

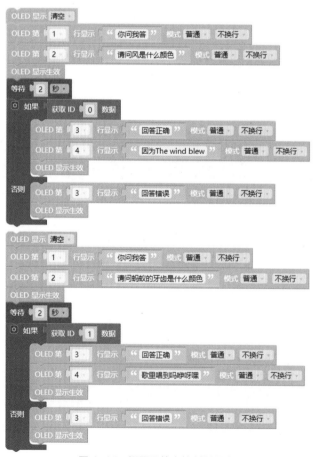

图 4-13　按下 B 键开始出题

④ 编辑问题及答案。图 4-13 中当变量分别为 1、2 或 3 时，需要显示具体的问题，以及根据回答，给出判断结果。具体程序分别如下（见图 4-14）。

图 4-14　问题及答案的判断程序

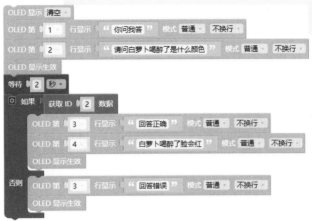

图 4-14　问题及答案的判断程序（续）

我发现，这些显示问题的程序模块非常相似，如果全部放在主程序中，主程序显得非常烦琐，有没有办法可以使用模块集简化主程序呢？

当然可以。在mPython平台，提供了函数模块，可以将能实现某种特定功能的程序模块集定义为函数，在编程时通过函数名进行调用，不仅可以简化主程序，而且逻辑也更加清晰。

3. 函数

① 新建函数。展开"高级"模块，单击"函数"，创建新的函数，将问题情景 1 的相关程序模块定义为"显示 1"，如图 4-15、图 4-16 所示。

图 4-15　定义新函数

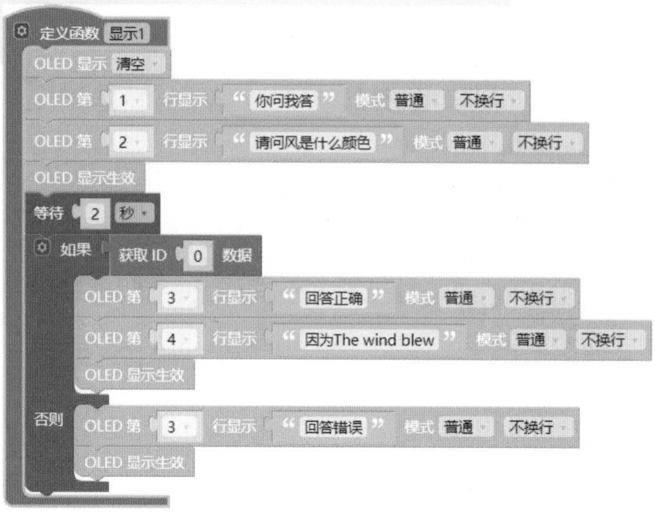

图 4-16 显示 1 的程序

② 调用函数。每个定义的函数对应唯一的函数名，主程序可以直接调用函数名对其进行使用，如图 4-17 所示。

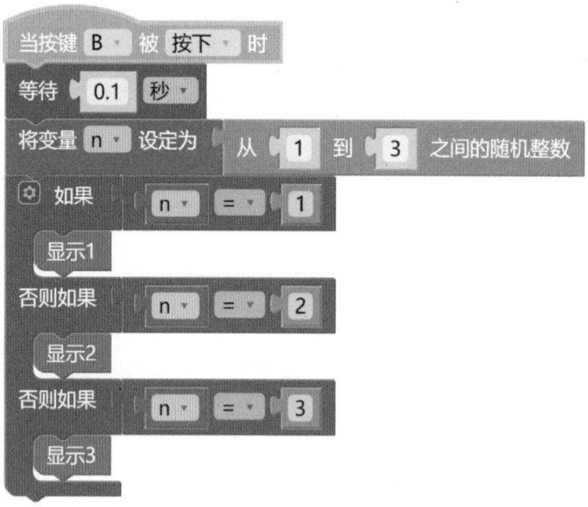

图 4-17 调用函数

4. 组装与调试

请同学们搭建好出题机器人的外观结构，按照前面的编程思路完善自己的程序，并将程序刷入掌中宝中，感受一下出题机器人的功能，和我们预期的有差距吗？

5. 迭代与升级

每一件初创作品都有很大的改进空间，在制作过程中，大家一定能意识到作品的不足之处，那么，可以采用什么方式去进行改进呢？请在表 4-2 中进行记录。

表4-2 作品优化记录表

不足之处	改进措施

评一评

1. 我们的分享

创客的精神在于分享，请同学们在班上展示、分享自己的作品，说一说你对该作品最满意的部分，并在表4-3中进行记录。

表4-3 作品分享陈述表

分享内容	作品的创新点	
	作品的功能演示	
	在作品制作过程中的反思	
	对作品进行的改进和升级	
如何分享	分享展示，需要做哪些准备	
	我的分享重点	
	小组分工的特点	

2. 我们的反思

在项目制作的过程中，我们遇到了一些困难，在表4-4中记录遇到的问题和解决办法，便于以后作品的升级与优化。

表4-4 作品反思记录表

遇到的困难	我们的反思

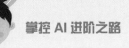

3. 我们的评价

请拿出你们的画笔，在表 4-5 中填涂自己的评价等级，5 颗星表示卓越，4 颗星表示优秀，3 颗星表示良好，2 颗星表示一般，1 颗星表示继续努力。

表 4-5 学习评价量表

评价维度	评价标准	我的星数
项目作品	我能掌握 AI 摄像头颜色识别功能的应用	☆ ☆ ☆ ☆ ☆
	我的程序设计合理，能实现预期功能	☆ ☆ ☆ ☆ ☆
	我的作品结构稳固，外形美观，功能实用	☆ ☆ ☆ ☆ ☆
学习表现	我能主动探索，遇到问题积极解决	☆ ☆ ☆ ☆ ☆
	我能与其他同学团结协作，分享交流	☆ ☆ ☆ ☆ ☆
	我能不断反思，形成一定的批判精神	☆ ☆ ☆ ☆ ☆

读一读

计算机视觉

人类感知外部世界主要通过视觉、触觉、听觉和嗅觉等感觉器官，其中约 80% 的信息是由视觉获取的。那机器如何能拥有视觉呢？计算机视觉形象地说，就是给计算机安装上眼睛（摄相机）和大脑（算法），让计算机能观察、理解世界。

计算机视觉（Computer Vision, CV）是一门研究如何让计算机像人类那样"看"的学科，是对生物视觉的一种模拟：它利用摄像机和计算机代替人眼，使计算机拥有类似于人类的那种对目标进行分割、分类、识别、跟踪、判别决策的功能，从而实现利用计算机对于三维景物世界的理解，即实现人的视觉系统的某些功能。

计算机视觉的基本任务为物体检测、物体定位、图像分割、物体识别、图像分类。物体检测是视觉感知的第一步，也是计算机视觉的一个重要分支，物体检测的目标，就是用框去标出物体的位置，并给出物体的类别（见图 4-18）。物体定位是利用计算机视觉技术找到图像中某一目标物体的位置，物体的定位对于计算机视觉在安防、自动驾驶等领域的应用有着至关重要的意义。图像分割是根据图像内容对指定区域进行标记的计算机视觉任务，简言之就是这张图片里有什么，其在图片中的位置是什么（见图 4-19）。物体识别是判定一组图像数据中是否包含某个特定的物体、图像特征或运动状态（见图 4-20）。图像分类问题就是给输入图像分配标签的任务，这是计算机视觉的核心问题之一。物体分类算法通过手工标注特征或者特征学习方法对整个图像进行全局描述，然后使用分类器判断是否存在某类物体。

图 4-18　物体检测

图 4-19　图像分割

图 4-20　物体识别

比一比

图 4-21 所示是项目 4 "你问我来答"的完整示例程序，我们可以将自己编写的程序和示例程序进行对比，说一说各有什么优点。

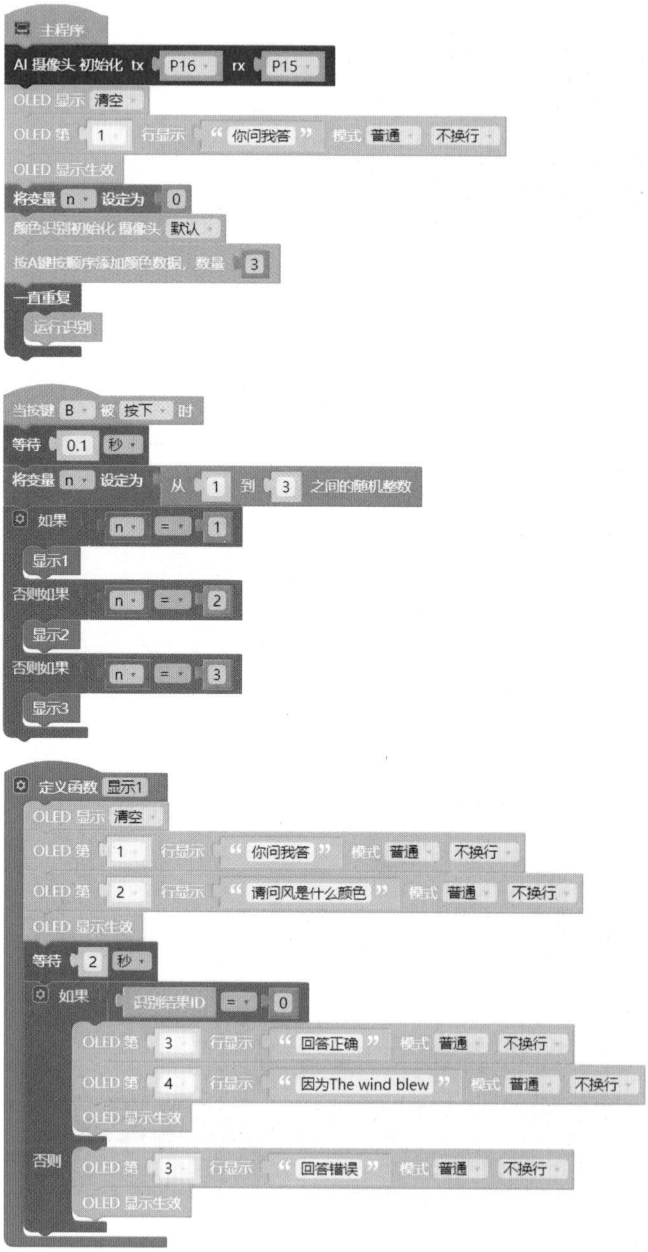

图 4-21 项目 4 完整程序示例

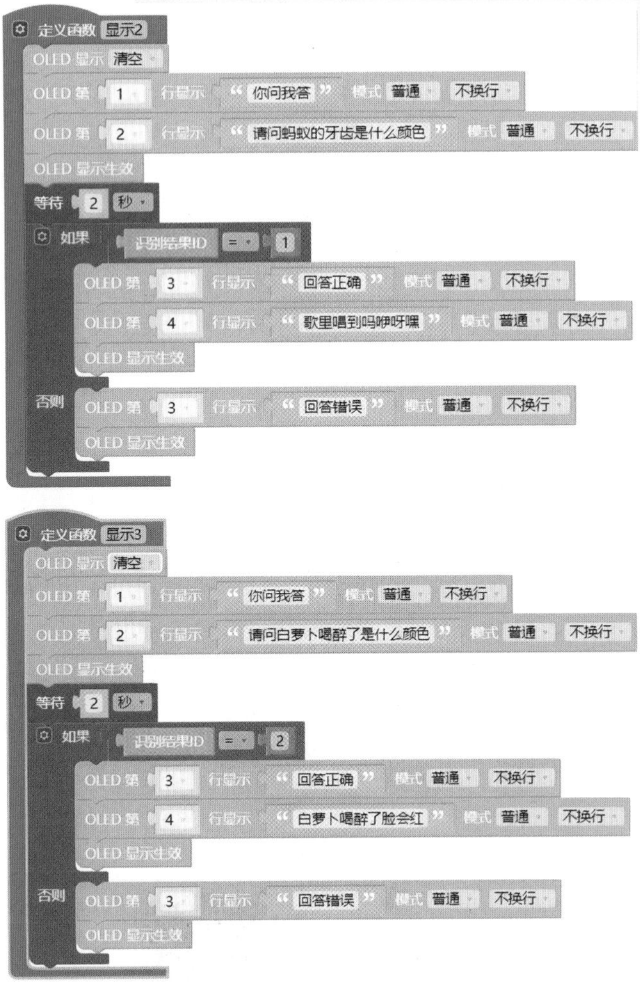

定义函数 显示2
OLED 显示 清空
OLED 第 1 行显示 " 你问我答 " 模式 普通 不换行
OLED 第 2 行显示 " 请问蚂蚁的牙齿是什么颜色 " 模式 普通 不换行
OLED 显示生效
等待 2 秒
如果 识别结果ID = 1
　OLED 第 3 行显示 " 回答正确 " 模式 普通 不换行
　OLED 第 4 行显示 " 歌里唱到吗咿呀嘿 " 模式 普通 不换行
　OLED 显示生效
否则 OLED 第 3 行显示 " 回答错误 " 模式 普通 不换行
　OLED 显示生效

定义函数 显示3
OLED 显示 清空
OLED 第 1 行显示 " 你问我答 " 模式 普通 不换行
OLED 第 2 行显示 " 请问白萝卜喝醉了是什么颜色 " 模式 普通 不换行
OLED 显示生效
等待 2 秒
如果 识别结果ID = 2
　OLED 第 3 行显示 " 回答正确 " 模式 普通 不换行
　OLED 第 4 行显示 " 白萝卜喝醉了脸会红 " 模式 普通 不换行
　OLED 显示生效
否则 OLED 第 3 行显示 " 回答错误 " 模式 普通 不换行
　OLED 显示生效

图 4-21　项目 4 完整程序示例（续）

项目 5　慧眼守门员

情境描述

　　在古代，守护好城门就保护了一座城池里的百姓；在今天，守护好房门就保护了一家人的人身和财产安全。一把门锁，将门外、门内隔离成两个不同的世界，也给了门内人们安全感。而随着人工智能、物联网、大数据、云计算等技术的发展，门禁系统也从单一的门锁逐渐发展到运用密码、指纹、人脸识别等技术进行安全防控。智能化门禁系统已成为智慧城市建设中不可或缺的重要环节，在生活中也得到了普遍应用。今天，小丽准备运用人脸识别技术制作一个智能门禁，让它用"智慧的眼睛"去守护好我们的社团大门，如图 5-1 所示。

图 5-1　人脸识别控制门禁

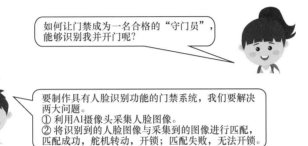

如何让门禁成为一名合格的"守门员"，能够识别我并开门呢？

要制作具有人脸识别功能的门禁系统，我们要解决两大问题。
① 利用AI摄像头采集人脸图像。
② 将识别到的人脸图像与采集到的图像进行匹配，匹配成功，舵机转动，开锁；匹配失败，无法开锁。

学一学

1. 人脸识别技术

人脸识别技术是图像识别的典型应用，现在的智能支付、超市存包等都会用到人脸识别技术，在这里我们一起了解一下人脸识别技术，以及 AI 摄像头如何进行人脸识别。

（1）人脸识别

人脸识别，是基于人的脸部特征信息进行身份识别的一种生物识别技术，是用摄像机或摄像头采集含有人脸的图像，并自动在图像中检测和跟踪人脸，进而对检测到的人脸进行与脸部识别相关的一系列技术。人脸识别系统主要包括 4 个组成部分，分别为：人脸图像采集及检测、人脸图像预处理、人脸图像特征提取，以及匹配与识别。人脸识别的过程如图 5-2 所示。

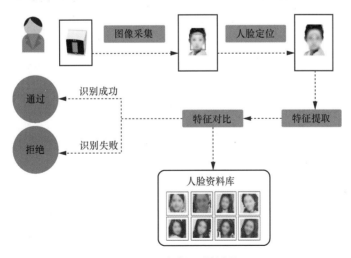

图 5-2　人脸识别的过程

（2）AI 摄像头的人脸识别

使用 AI 摄像头中的人脸识别模块来做智能门禁的人脸添加和识别，使它拥有一双慧眼，能够"认识"学生。使用接口同掌中宝交换数据，连接时将舵机接在 P13 引脚，AI 摄像头的黄线接 P15 引脚，白线接 P16 引脚，红线和黑线分解接正负极。

利用 AI 摄像头进行人脸识别，需要先下载程序，然后按如下步骤进行操作。

①程序刷入掌中宝运行起来后，AI 摄像头进入人脸识别模式，拿起摄像头对着人脸进行侦测时，可看到有白色边框框住人脸部分，同时有 5 个小圆圈标出五官所在。

②添加人脸数据。将 AI 摄像头对着第一个要添加的人脸，按下摄像头的 A 键，录入第一个人脸数据。接着将 AI 摄像头对着第二个要添加的人脸，按下摄像头的 A 键，录入第二个人脸数据（注：程序中设置了识别几个人脸，就重复几次以上过程）。

③学习成功后，对着任一人脸进行识别，如果准确度大于 80（程序中设置的识别阈值），那么白色边框左上角将会出现 ID 与准确度。因为角度、距离问题，准确度有时会比较小，如果准确度小于 80，那么只显示准确度，不显示 ID（见图 5-3）。

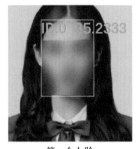
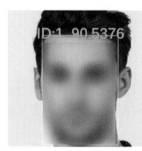

第一个人脸　　　　　　　第二个人脸　　　　　　　其他人脸

图 5-3　AI 摄像头人脸学习和识别操作

2. 9g 舵机

9g 舵机（见图 5-4）是一种位置（角度）伺服的驱动器，适用于那些需要角度不断变化并可以保持一定角度的控制系统。

舵机由舵盘、位置反馈电位器、减速齿轮组、直流电机和控制电路组成。减速齿轮组由直流电机驱动，其输出转轴带动一个具有线性比例特征的位置反馈电位器用于位置检测。控制电路根据电位器的反馈电压，与外部输入控制脉冲进行比较，产生纠正脉冲，控制并驱动直流电机正转或者反转，使减速齿轮组输出的位置与期望值相符合，从而达到精确控制转向角度的目的。

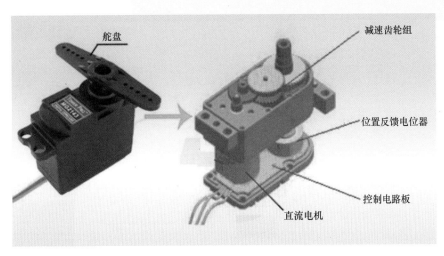

图 5-4　9g 舵机示意图

想一想

　　了解了完成智能门禁所需的基本电子硬件，明白了 AI 摄像头如何进行人脸识别，我们需要对智能门禁进行系统分析，对整个作品进行分解（见表 5-1），便于作品的制作与后期调试。

表 5-1　人脸识别智能门禁的作品分解

希望实现的功能	需要的器材	用到的编程模块
采集人脸图像	利用 AI 摄像头的人脸识别模块实现	人脸识别初始化 人脸分类数量 2 识别阈值 80 摄像头 默认 按A键添加人脸数据
设计智能门禁外观，嵌套电子元器件	利用激光切割、纸板搭建等形式制作	
控制舵机的转动	利用舵机控制模块编程实现	设置舵机 P13 角度为 150

试一试

　　按照前面的系统分析，除了电路的搭建，我们还需要完成外观结构的制作。请同学们绘制智能门禁的设计草图，图 5-5 所示为小丽设计的智能门禁草图，请你也来绘制一个吧！

小丽的草图设计示意图	我绘制的智能门禁示意图
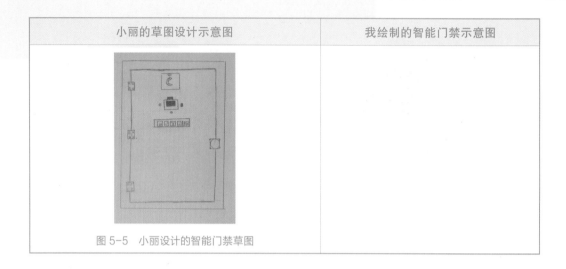 图 5-5　小丽设计的智能门禁草图	

做一做

对智能门禁完成了系统的分析后，我们按照步骤一步步来完成这个作品吧！

1. 电路连接

将舵机接在掌中宝的 P13 引脚，AI 摄像头的黄线接 P15 引脚，白线接 P16 引脚，红线和黑线分别接掌中宝的正负极（见图 5-6）。

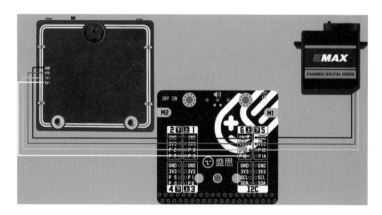

图 5-6　智能门禁电路连接图

2. 程序编写

电路连接成功后，需要将各个模块的编程指令拼接起来，完成人脸识别智能门禁系统的程序设计。该程序设计主要可以分成 3 个部分。

① 硬件的初始化。掌中宝外接 AI 摄像头后，程序上也要将引脚进行匹配，并显示相关信息，如图 5-7 所示。

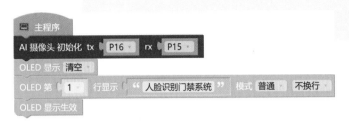

图 5-7 硬件的初始化

② 人脸识别和舵机的初始化。在制作智能门禁时，需要对舵机角度进行初始化，使其处于关门状态。在使用人脸识别时，需要对人脸数量和识别的阈值进行设置，这里我们设置数量为 2（只录入两张人脸），阈值为 80。同时，大家一定要记得按下 AI 摄像头的 A 键添加人脸数据，如图 5-8 所示。

图 5-8 人脸识别和舵机的初始化

③ 开始人脸识别并判断识别结果。开始人脸识别，并将识别结果赋值给变量 face_ID，当 face_ID 的值为 0 或 1 时，表示识别到的是我们之前录入的社团学生，此时调整舵机角度，开门；当 face_ID 的值不为 0 或 1 时，表示识别到的不是社团学生，舵机角度不变，门处于关闭状态，如图 5-9 所示。

图 5-9 开始人脸识别并判断识别结果

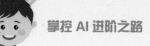

3. 组装与调试

请同学们搭建好智能门禁的外观结构，按照前面的编程思路完善自己的程序，并将程序刷入掌中宝中，下载程序后，感受一下智能门禁进行人脸识别的效果，它能够成功识别人脸并自动打开门锁吗？

4. 迭代与升级

每一件初创作品都有很大的改进空间，在制作过程中，大家一定能意识到作品的不足之处，那么，可以采用什么方式去进行改进呢？请在表 5-2 中进行记录。

表 5-2　作品优化记录表

不足之处	改进措施

评一评

1. 我们的分享

创客的精神在于分享，请同学们在班上展示、分享自己的作品，说一说你对该作品最满意的部分，并在表 5-3 中进行记录。

表 5-3　作品分享陈述表

分享内容	作品的创新点	
	作品的功能演示	
	在作品制作过程中的反思	
	对作品进行的改进和升级	
如何分享	分享展示，需要做哪些准备	
	我的分享重点	
	小组分工的特点	

2. 我们的反思

在项目实现过程中，遇到了一些困难，在表 5-4 中记录遇到的问题和解决办法，便于以后出现类似问题时能更好地面对。

表 5-4　作品反思记录表

遇到的困难	我们的反思

3. 我们的评价

请拿出你们的画笔，在表 5-5 中填涂自己的评价等级，5 颗星表示卓越，4 颗星表示优秀，3 颗星表示良好，2 颗星表示一般，1 颗星表示继续努力。

表 5-5　学习评价量表

评价维度	评价标准	我的星数
项目作品	我能掌握 AI 摄像头人脸识别的应用	☆☆☆☆☆
	我的程序设计合理，能实现预期功能	☆☆☆☆☆
	我的作品结构稳固，外观简洁，功能实用	☆☆☆☆☆
学习表现	我能主动探索，遇到问题积极解决	☆☆☆☆☆
	我能与其他同学团结协作，分享交流	☆☆☆☆☆
	我能不断反思，形成一定的批判精神	☆☆☆☆☆

读一读

有趣的人脸表情识别

人脸识别技术最初主要运用于安防领域，例如，门禁系统通过人脸识别技术辨识进入者的身份，可以提升住宅和企业的安全性。近年来，人脸识别的应用越来越广泛，手机的刷脸开机、智能收银机的刷脸支付、火车站的刷脸安监、酒店刷脸进行身份验证等，都是典型应用。

随着计算机技术和人工智能技术的迅速发展，人脸表情识别技术也日益受到关注，广泛应用于交通安全、营销辅助、人机分析项目等领域。

为了提升车辆行驶中的安全性，科研人员研发出了一种疲劳驾驶预警系统（见图 5-10）在驾驶员行驶过程中，若识别到驾驶员出现打哈欠、闭眼等疲劳动作或表情，系统将会对这些行为进行分析，常用"请勿疲劳驾驶""请您休息一下"这样的语音对驾驶者进行提醒，当发现驾驶员视线没有看前方路况，系统也会发出 "请勿分神驾驶"的语音进行提醒。

图 5-10　基于表情识别，进行自动提醒

此外，人脸表情识别技术还可以实时捕捉原型演员的丰富表情，并进一步做到表情映射和迁移，即把人的表情变化迁移到另一个虚拟角色模型上去，栩栩如生的 3D 角色就被同步塑造出来了。

人脸表情识别技术不仅在电影、电视产业中大量应用于动画的表情模拟和生成，而且在其他领域也有非常广泛的应用。例如，在四川变脸中，通过识别用户情绪，如开心、愤怒、悲伤等，实现心情变脸，仅需普通高清摄像头、PC 主机、大显示屏便可实现。营销上，通过对广告受众的表情进行捕捉分析，能准确监测广告效果，为精准广告营销提供科学依据。如果应用在商店中，店主通过人脸表情识别判断出顾客对产品的喜爱程度，再配以合适的推销技巧，可大大提高成单率。除此之外，人脸表情识别技术在娱乐（比如测谎）、智能医疗（比如自闭症治疗）、在线教育（学生学习情况监测）、动画表情模拟和生成等方面也有非常广泛的应用。

比一比

图 5-11 所示是项目 5 "慧眼守门员"的完整示例程序，我们可以将自己编写的程序和示例程序进行对比，说一说各有什么优点。

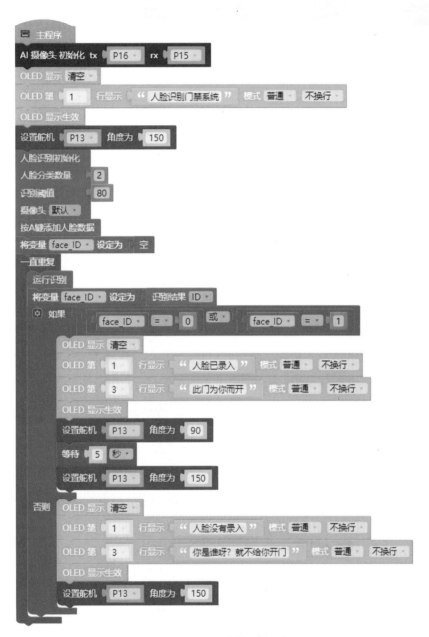

图 5-11　项目 5 完整示例程序

项目 6　我是稻草人

情境描述

　　2022 年北京冬季奥运会上的"大厨"机器人独领科技时尚，各国媒体争相报道。如今人工智能普遍应用于我们的日常生活中了。那么你知道在田地里有哪些人工智能应用呢？

　　为保护田地里的农作物，我们能为农民伯伯设计一款 AI 机器人吗？小明思考后有了创造 AI 稻草人的想法，如图 6-1 所示，通过使用掌中宝、AI 摄像头等设备就可以制造一款 AI 稻草人，它可以驱赶鸟雀、野猫等破坏农田的小动物，帮助农民伯伯守护农田啦。

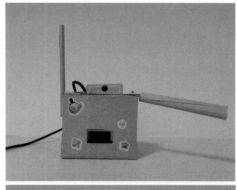

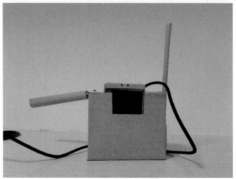

图 6-1　AI 稻草人（前面、背面）

想一想

该如何让AI稻草人驱赶破坏农田的小动物呢？

要设计制作AI稻草人，我们可以分成两个步骤。
①用AI摄像头拍摄并识别看到的物体。
②AI稻草人模仿人的动作。如果识别到小鸟，
则挥动稻草人的"手臂"并发出声音吓跑小鸟。

学一学

1. AI 摄像头与物体识别

（1）物体识别

物体识别是计算机视觉领域中的一项基础研究。典型的物体识别过程包含以下阶段：图像预处理、特征提取、特征选择、建模、匹配、定位。

（2）AI 摄像头的物体识别

AI 摄像头的物体识别功能有两种：一种是 20 类物体识别，使用的是现有的模型；另一种是训练模型，可以识别物体、场景等。20 类物体识别，顾名思义是指只能识别规定的 20 类物体。这 20 类物体有特定的 ID 和物体名称，如表 6-1 所示。

表 6-1　20 类物体

ID	物体名称	ID	物体名称	ID	物体名称	ID	物体名称
0	飞机	5	公交车	10	餐桌	15	盆栽
1	自行车	6	汽车	11	狗	16	羊
2	鸟	7	猫	12	屋子	17	沙发
3	船	8	椅子	13	摩托车	18	火车
4	瓶子	9	奶牛	14	人	19	电视

图 6-2 所示是用 AI 摄像头识别出 20 类物体中的猫。

图 6-2　AI 摄像头物体识别分类：猫

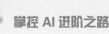
20 类物体识别的具体步骤如下。

①设置掌中宝和 AI 摄像头的串口通信，加载和初始化物体识别模型（见图 6-3）。

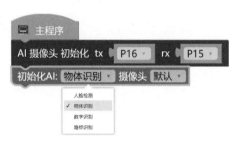

图 6-3　加载和识别模型模块

②运行物体识别程序（见图 6-4），摄像头拍到的图片会被输入到神经网络中进行运算，运算后会返回物体识别结果。

图 6-4　物体识别程序

③ AI 摄像头如果没有识别到 20 类物体中的任何一种，返回值是 None；如果识别到 20 类物体，会返回一个列表，列表中会存储识别到的物体种类。AI 摄像"物体识别结果"这条指令会获取列表中第一个物体的具体属性，如类别 ID 和置信度。

2. 列表

列表（list）是 Python 语言中的一种基本数据类型，是有序、可变的元素集合。如图 6-5 所示，列表中的元素可以是数字、字符串，也可以是另一个列表；每个元素间用逗号分隔；每个元素都有对应的位置值，称之为索引，第一个元素的索引是 0，第二个元素的索引值是 1，依次类推。编程中的"列表"模块如图 6-5 所示。

图 6-5　列表

3. 掌控板上的蜂鸣器

蜂鸣器（见图 6-6）主要展示掌控板的功能之一——声音效果，它在掌控板的背面，可以发出不同的音调，也可以播放音乐，还可以播放语音合成的音频。

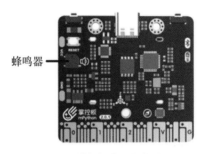

蜂鸣器

图 6-6　掌控板背面的蜂鸣器

想一想

学习了 AI 摄像头的 20 类物体识别、舵机和列表知识，我们对 AI 稻草人整个作品进行系统分析，对功能进行分解（见表 6-2），便于作品的制作与后期调试。

表 6-2　AI 稻草人的作品分解

希望实现的功能	需要的器材	用到的编程模块
能看物、识物	AI 摄像头和 20 类物体模型库	初始化AI: 物体识别 摄像头 默认 物体识别结果: 类别ID 物体识别种类列表
发现小鸟等偷食庄稼的生物，发声报警	掌控板上的蜂鸣器	播放音乐 WAWAWAWAA 引脚 默认
挥动"手臂"进行驱赶	9g 舵机	设置舵机 P0 角度为 60
设计稻草人外观，合理安装嵌套电子元器件。	利用 3D 打印、激光切割、纸板搭建等	

试一试

按照前面的系统分析，除了电路的搭建，我们还需要完成外观结构的制作。请同学们绘制 AI 稻草人作品的设计草图，图 6-7 所示为小明设计的 AI 稻草人的设计草图，请你也来绘制一个吧！

草图设计示意图	我绘制的 AI 稻草人示意图
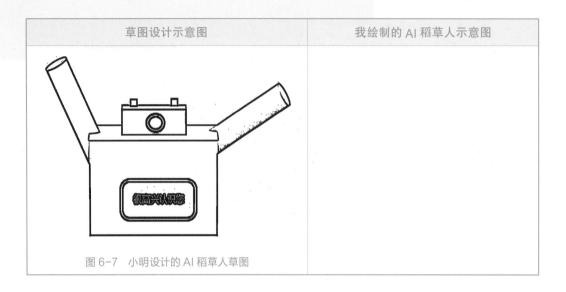 图 6-7　小明设计的 AI 稻草人草图	

做一做

对 AI 稻草人完成了系统的分析后，我们按照步骤一步步来完成这个作品吧!

1. 电路连接

在开始编写程序之前，我们需要将 AI 摄像头的黄线接掌中宝的 P15 引脚、白线接 P16 引脚、红线接正极、黑线接负极，9g 舵机接在 P13 引脚，电路连接如图 6-8 所示。

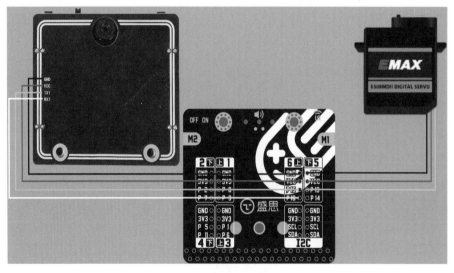

图 6-8　AI 稻草人电路连接图

2. 程序编写

电路连接成功后，需要将各个模块的编程指令拼接起来，完成AI稻草人的程序设计，该程序设计主要可以分成以下部分。

① 硬件初始化。掌中宝外接AI摄像头、舵机后，需要对连接的引脚（P13、P15、P16）做初始化说明，如图6-9所示。

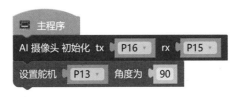

图6-9 硬件初始化

② 加载内置模型，新建列表存储20类物体的中文名称，如图6-10所示。

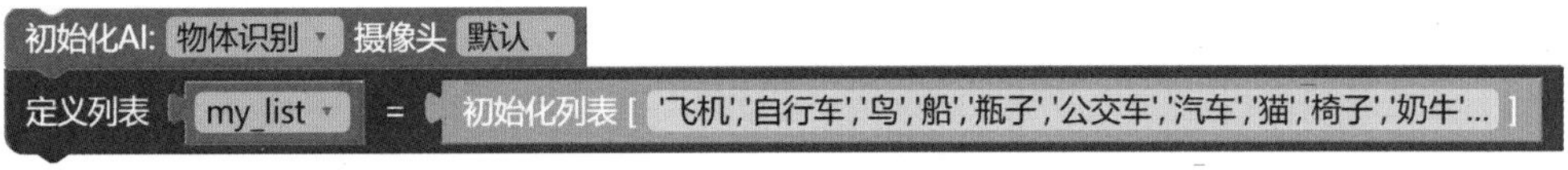

初始化AI: 物体识别 ▼ 摄像头 默认 ▼
定义列表 my_list ▼ = 初始化列表 ['飞机','自行车','鸟','船','瓶子','公交车','汽车','猫','椅子','奶牛'...]

图6-10 加载内置模型，定义列表变量my_list

③ 识别20类物体。如果识别到20类物体，则显示其中文名称；如果没有识别到，显示"没有识别出来"，如图6-11所示。

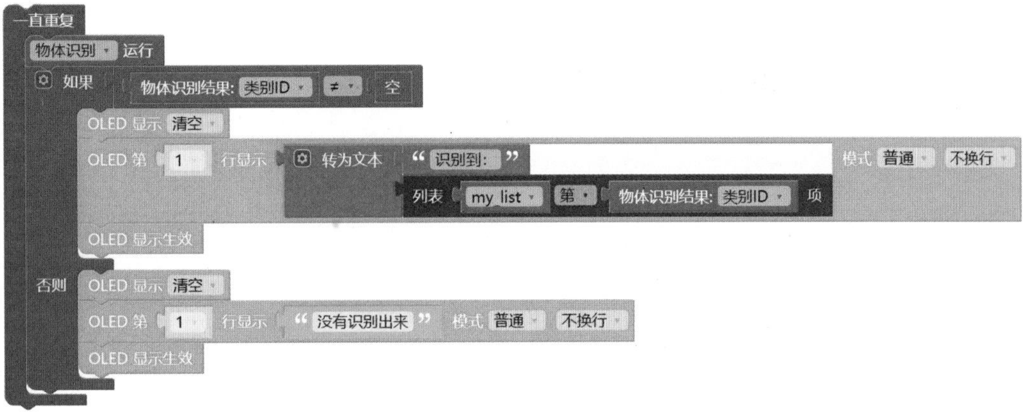

一直重复
物体识别 ▼ 运行
如果 物体识别结果: 类别ID ▼ ≠ ▼ 空
    OLED 显示 清空 ▼
    OLED 第 1 行显示 转为文本 " 识别到: " 模式 普通 ▼ 不换行 ▼
                  列表 my_list ▼ 第 ▼ 物体识别结果: 类别ID ▼ 项
    OLED 显示生效
否则 OLED 显示 清空 ▼
    OLED 第 1 行显示 " 没有识别出来 " 模式 普通 ▼ 不换行 ▼
    OLED 显示生效

图6-11 20类物体识别结果

④ 识别鸟类和人类。如果识别到鸟类，则发出声音并挥动"手臂"赶跑啄食的鸟；如果识别到人类，则显示"很高兴认识您"文字，如图6-12所示。

```
如果    物体识别结果: 类别ID ▾  = ▾  2
    OLED 显示 清空
    OLED 第  1 ▾  行显示 " 识别结果: "  模式 普通 ▾  不换行 ▾
    OLED 第  2 ▾  行显示 列表 my list ▾  第 ▾  物体识别结果: 类别ID ▾  项   模式 普通 ▾  不换行 ▾
    OLED 显示生效
    重复  3 次
        播放音乐 WAWAWAWAA ▾  引脚  默认 ▾
        使用 i ▾  从范围  30  到  150  每隔  5
            设置舵机  P13 ▾  角度为  i ▾
            等待  0.05  秒 ▾
        使用 i ▾  从范围  150  到  30  每隔  5
            设置舵机  P13 ▾  角度为  i ▾
            等待  0.05  秒 ▾
如果    物体识别结果: 类别ID ▾  = ▾  14
    OLED 显示 清空
    OLED 第  1 ▾  行显示 " 很高兴认识您 "  模式 普通 ▾  不换行 ▾
    OLED 显示生效
```

图 6-12　识别到鸟类和人类

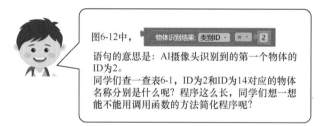

图6-12中， 物体识别结果: 类别ID ▾ = ▾ 2 语句的意思是：AI摄像头识别到的第一个物体的 ID为2。
同学们查一查表6-1，ID为2和ID为14对应的物体名称分别是什么呢？程序这么长，同学们想一想能不能用调用函数的方法简化程序呢？

3. 组装与调试

请同学们搭建好 AI 稻草人的外观结构，按照前面的编程思路完善自己的程序，并将程序刷入掌中宝中，感受一下 AI 稻草人的功能，和我们预期的有差距吗？

4. 迭代与升级

每一件初创作品都有很大的改进空间，在制作过程中，大家一定能意识到作品的不足之处，那么，如何优化不足之处呢？请记录在表 6-3 中。

表 6-3　作品优化记录表

不足之处	改进措施

评一评

1. 我们的分享

创客的精神在于分享，请同学们在班上展示、分享自己的作品，说一说你对该作品最满意的部分，并在表 6-4 中进行记录。

表 6-4　作品分享陈述表

分享内容	作品的创新点	
	作品的功能演示	
	在作品制作过程中的反思	
	对作品进行的改进和升级	
如何分享	分享展示，需要做哪些准备	
	我的分享重点	
	小组分工的特点	

2. 我们的反思

在项目制作的过程中，我们遇到了一些困难，在表6-5中记录遇到的问题和解决办法，便于以后作品的升级与优化。

表 6-5　作品反思记录表

遇到的困难	我们的反思

3. 我们的评价

请拿出你们的画笔，在表6-6中填涂自己的评价等级，5颗星表示卓越，4颗星表示优秀，3颗星表示良好，2颗星表示一般，1颗星表示继续努力。

表6-6　学习评价量表

评价维度	评价标准	我的星数
项目作品	我能掌握AI摄像头20类物体识别的使用方法	☆☆☆☆☆
	我能正确连接AI摄像头和舵机	☆☆☆☆☆
	我的程序设计合理，能实现预期功能	☆☆☆☆☆
	我的作品结构稳固，外观简洁，功能实用	☆☆☆☆☆
学习表现	我能主动探索，遇到问题积极解决	☆☆☆☆☆
	我能与其他同学团结协作，分享交流	☆☆☆☆☆
	我能不断反思，对作品进行优化升级	☆☆☆☆☆

读一读

二分类在生活中的应用

生活中，分类一般是按照事物的种类、等级或性质等进行的。机器学习的过程其实就是一个分类操作的过程，可以理解为机器对识别对象的特征进行提取和选择，得到最能反映对象分类本质的特征，并依据此特征将其归为某一类别。

二分类即是把事物分成两个类别。这是不是一张人脸？这是不是癌症患者的医学影像？这是不是一处可能有矿的地？这些"是不是问题"都属于二分类的范畴。接下来，具体看看二分类技术是怎么应用在实际生活中的。

同学们在外出游玩的时候，常常会拍照留念。无论是用手机还是数码相机，当把镜头对准人脸的时候，设备中会出现一个矩形框，框出人脸的区域，如图6-13所示。那么，这个技术是如何做到的呢？

图6-13　人脸检测

相机中的人脸检测技术就是一种二分类技术，一张照片被切割成一块块的图像块，然后每一个图像都会经过人脸分类器去判断是不是人脸。对于预测是人脸的图像块，相机就在这个图像块上显示出矩形框。

比一比

图 6-14 所示是项目 6 "我是稻草人" 的完整示例程序，我们可以将自己编写的程序和示例程序进行对比，说一说各有什么优点。

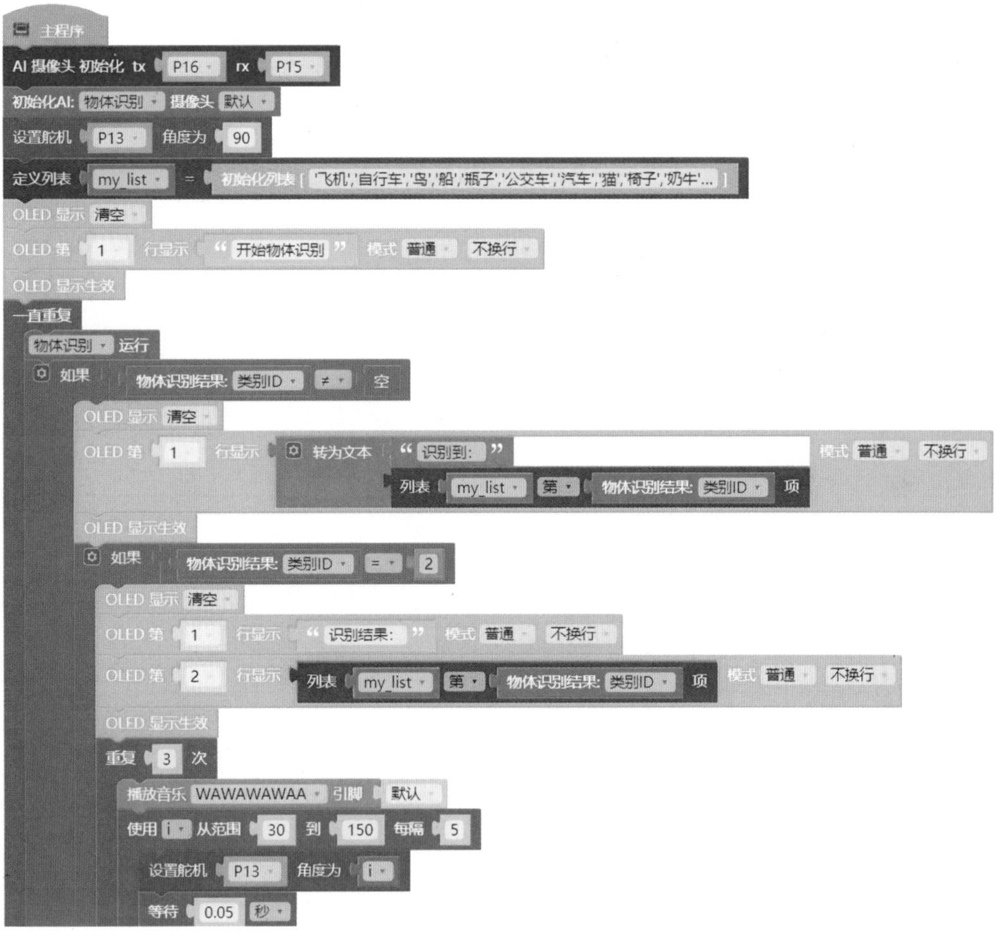

图 6-14　项目 6 完整示例程序

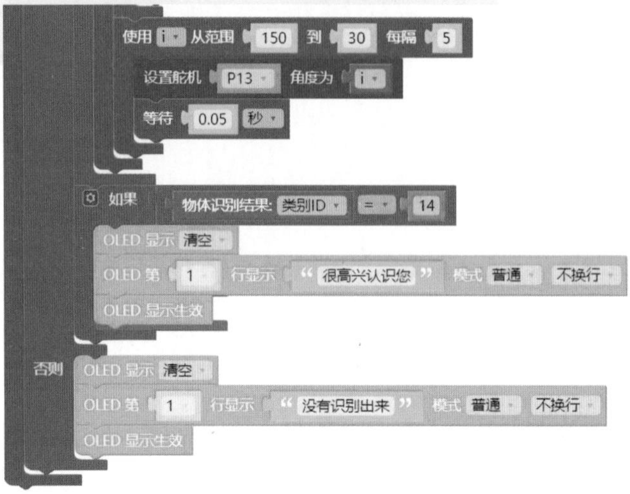

使用 i 从范围 150 到 30 每隔 5

设置舵机 P13 角度为 i

等待 0.05 秒

如果 物体识别结果: 类别ID = 14

OLED 显示 清空

OLED 第 1 行显示 " 很高兴认识您 " 模式 普通 不换行

OLED 显示生效

否则 OLED 显示 清空

OLED 第 1 行显示 " 没有识别出来 " 模式 普通 不换行

OLED 显示生效

图 6-14 项目 6 完整示例程序（续）

项目 7　穿衣小帮手

情境描述

　　如今的天气忽冷忽热，每天出门前都要在短袖、长袖、针织衫、毛衣中纠结好久。还在烦恼明天早上穿什么吗？为了不再纠结，小明想利用我们的掌中宝与温/湿度传感器结合，制作一个穿衣小帮手，根据室外不同的温度，指示器亮不同颜色的灯，如图 7-1 所示，告诉我们穿什么衣服合适，这样我们就再也不会因为穿什么衣服而纠结了。

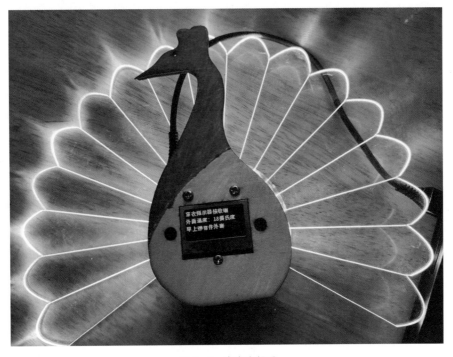

图 7-1　穿衣小帮手

想一想

我们的制作如何获取室外温湿度呢?

要设计制作穿衣小帮手，我们可以分成3个步骤。
①用温湿度传感器检测室外温湿度。
②将数据发送到室内的穿衣小帮手。
③穿衣小帮手将室外温湿度可视化。

学一学

1. 温/湿度传感器

温/湿度传感器（见图 7-2）是一种装有湿敏和热敏元件，将湿度和温度信号采集出来，转换成与湿度和温度成线性关系的电流信号或电压信号输出，能够用来测量环境温度和湿度的传感器装置。

温/湿度传感器采用 I²C 接口同掌中宝交换数据，连接时需要将红色线连接 VCC 引脚，绿色线连接 SDA 引脚，黄色线连接 SCL 引脚，黑色线连接 GND 引脚。

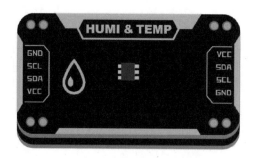

图 7-2 温/湿度传感器

2. 掌中宝的无线广播

使用两块或以上掌中宝可以实现无线广播。无线广播由接收端和发送端组成。掌中宝提供 2.4GHz 的无线射频通信，共 13 个频道，可实现一定区域内的简易组网通信。在相同通道下，成员可接收广播消息，就类似对讲机在相同频道下可实现通话一样。简言之，就是两块掌中宝在相同的频道内，可以进行一些信息的传递。

想一想

明白了组成穿衣小帮手的基本电子元器件和信息传递方式，我们需要对穿衣小帮手进行系统分析，对整个作品进行分解（见表 7-1），便于作品的制作与后期调试。

表 7-1　穿衣小帮手的作品分解

希望实现的功能	需要的器材	用到的编程模块
测量室外环境的温 / 湿度	温 / 湿度传感器和对应的编程模块	I2C 温度▾ ／ ✓温度 ／ 湿度
将室外采集的数据传输到室内	利用掌中宝的无线广播功能及编程实现	打开▾ 无线广播　设无线广播 频道为 13　无线广播 发送 " msg "　无线广播 接收消息　当 收到无线广播消息 时 打印 收到的无线广播消息　当 收到特定无线广播消息 on 时
根据室外温 / 湿度指示穿衣	掌中宝显示屏显示温 / 湿度，外接灯带的颜色代表不同温度	OLED 第 3 行显示 " 外面温度: " 追加文本 Tem 追加文本 " 摄氏度 " 模式 普通 不换行　灯带 my_rgb 关闭　灯带 my_rgb 0 号 颜色为　灯带 my_rgb 设置生效
设计穿衣小帮手外观，外观结构能合理安装嵌套电子元器件	可以利用 3D 打印、激光切割等形式制作	

试一试

按照前面的系统分析，除了电路的搭建，我们还需要完成外观结构的制作。请同学们绘制穿衣小帮手作品的设计草图，图 7-3 所示为小明设计的穿衣小帮手草图，请你也来绘制一个吧！

草图设计示意图	我绘制的穿衣小帮手示意图
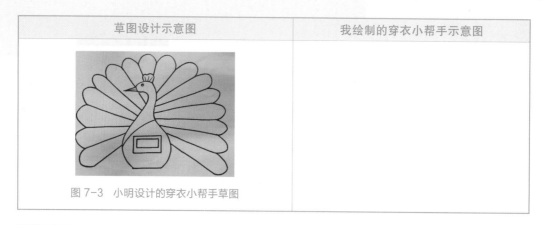 图 7-3　小明设计的穿衣小帮手草图	

做一做

对穿衣小帮手完成了系统的分析后，我们按照步骤一步步来完成它的设计与制作吧!

1. 电路连接

（1）发送端：将温 / 湿度传感器接在扩展板的 I²C 接口（见图 7-4）。

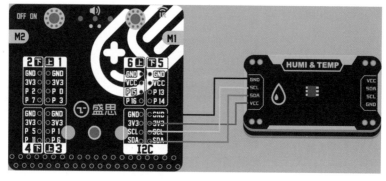

图 7-4　发送端电路连接图

（2）接收端：将灯带接在掌中宝扩展板的 P13 引脚（见图 7-5）。

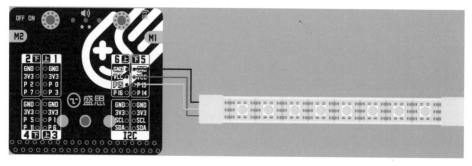

图 7-5　接收端线路连接

2. 程序编写

电路连接成功后，需要将各个模块的编程指令拼接起来，完成穿衣小帮手的程序设计。该程序设计主要可以分成发送端程序和接收端程序两个部分。

（1）发送端程序：借助温/湿度传感器收集室外温/湿度数据，并发送无线广播。

① 初始化准备。发送端打开无线广播，确定广播频道，并显示相关内容，让使用者了解程序进展（见图7-6）。

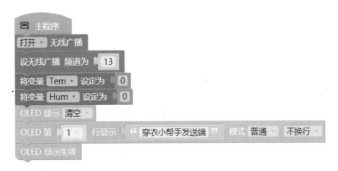

图 7-6 发送端打开无线广播

② 定时发送消息。发送端定时发送无线广播，并显示室外温/湿度情况（见图7-7）。

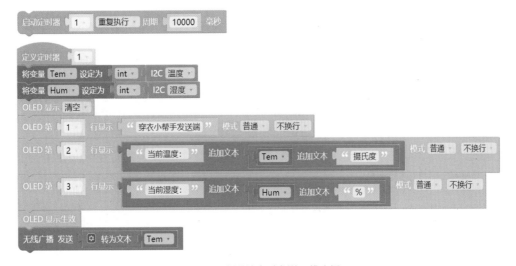

图 7-7 发送端定时发送无线广播

（2）接收端程序。

① 接收端初始化。灯带初始化，打开接收端无线广播，与发送端同频道，并显示接收端的名称（见图7-8）。

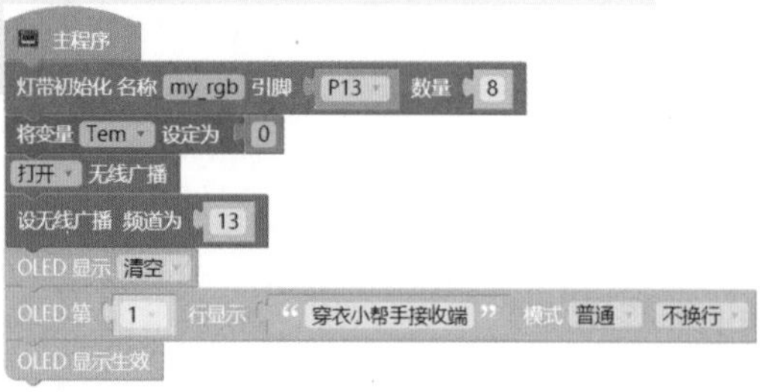

图 7-8　接收端打开无线广播

② 接收消息。显示接收到的广播消息，并在 OLED 显示屏上显示（见图 7-9）。

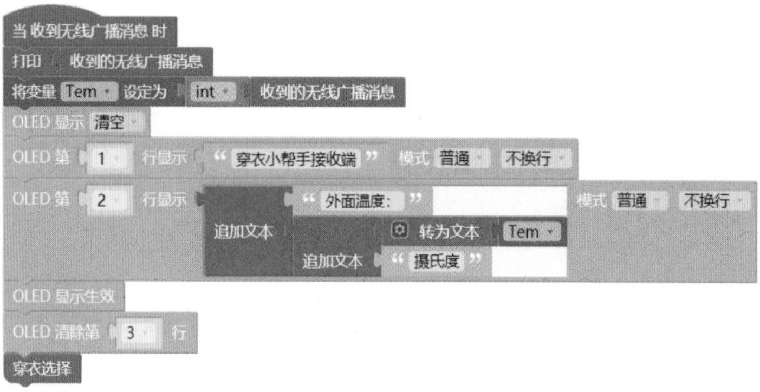

图 7-9　接收端显示广播内容

③ 穿衣选择。根据不同的温度，灯带亮不同颜色，给出不同的穿衣指示。在程序中编写自定义函数"穿衣选择"，还可以更细化温度区间，给出更具体的穿衣指示（见图 7-10）。

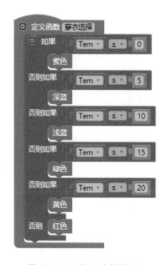

图 7-10　穿衣选择程序

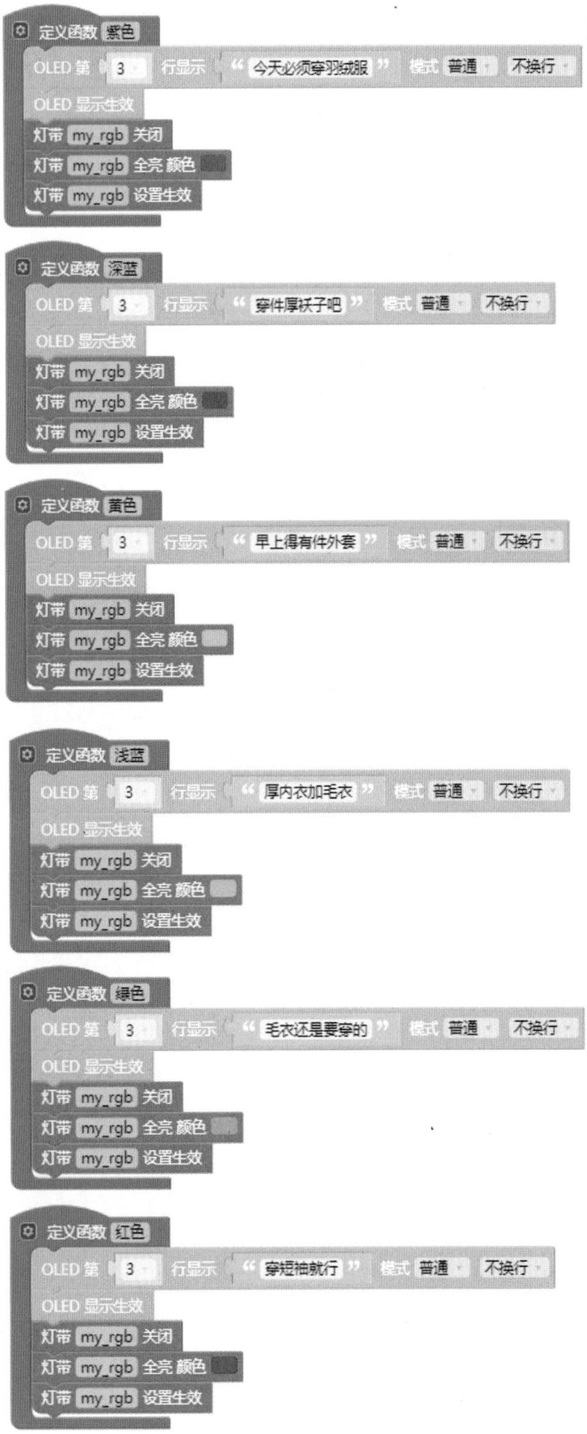

定义函数 紫色
OLED 第 3 行显示 " 今天必须穿羽绒服 " 模式 普通 不换行
OLED 显示生效
灯带 my_rgb 关闭
灯带 my_rgb 全亮 颜色
灯带 my_rgb 设置生效

定义函数 深蓝
OLED 第 3 行显示 " 穿件厚袜子吧 " 模式 普通 不换行
OLED 显示生效
灯带 my_rgb 关闭
灯带 my_rgb 全亮 颜色
灯带 my_rgb 设置生效

定义函数 黄色
OLED 第 3 行显示 " 早上得有件外套 " 模式 普通 不换行
OLED 显示生效
灯带 my_rgb 关闭
灯带 my_rgb 全亮 颜色
灯带 my_rgb 设置生效

定义函数 浅蓝
OLED 第 3 行显示 " 厚内衣加毛衣 " 模式 普通 不换行
OLED 显示生效
灯带 my_rgb 关闭
灯带 my_rgb 全亮 颜色
灯带 my_rgb 设置生效

定义函数 绿色
OLED 第 3 行显示 " 毛衣还是要穿的 " 模式 普通 不换行
OLED 显示生效
灯带 my_rgb 关闭
灯带 my_rgb 全亮 颜色
灯带 my_rgb 设置生效

定义函数 红色
OLED 第 3 行显示 " 穿短袖就行 " 模式 普通 不换行
OLED 显示生效
灯带 my_rgb 关闭
灯带 my_rgb 全亮 颜色
灯带 my_rgb 设置生效

图 7-10　穿衣选择程序（续）

在编写自定义穿衣选择函数时，可以根据自己的穿衣需求设计出不同的穿衣指示，让它帮助人们做出穿衣选择，真正成为我们的穿衣小帮手。

3. 组装与调试

请同学们搭建好穿衣小帮手的外观结构，按照前面的编程思路完善自己的程序，并将程序刷入掌中宝中，感受一下穿衣小帮手的功能，和我们预期的有差距吗？

4. 迭代与升级

每一件初创作品都有很大的改进空间，在制作过程中，大家一定能意识到作品的不足之处，那么，可以采用什么方式去进行改进呢？请在表 7-2 中进行记录。

表 7-2　作品优化记录表

不足之处	改进措施

评一评

1. 我们的分享

创客的精神在于分享，请同学们在班上展示、分享自己的作品，说一说你对该作品最满意的部分，并在表 7-3 中进行记录。

表 7-3　作品分享陈述表

分享内容	作品的创新点	
	作品的功能演示	
	在作品制作过程中的反思	
	对作品进行的改进和升级	
如何分享	分享展示，需要做哪些准备	
	我的分享重点	
	小组分工的特点	

2. 我们的反思

在项目制作的过程中，我们遇到了一些困难，在表7-4中记录遇到的问题和解决办法，便于以后作品的升级与优化。

表7-4 作品反思记录表

遇到的困难	我们的反思

3. 我们的评价

请拿出你们的画笔，在表7-5中填涂自己的评价等级，5颗星表示卓越，4颗星表示优秀，3颗星表示良好，2颗星表示一般，1颗星表示继续努力。

表7-5 学习评价量表

评价维度	评价标准	我的星数
项目作品	我能掌握掌中宝无线广播功能的使用	☆☆☆☆☆
	我的程序设计合理，能实现预期功能	☆☆☆☆☆
	我的作品结构稳固，外观简洁，功能实用	☆☆☆☆☆
学习表现	我能主动探索，遇到问题积极解决	☆☆☆☆☆
	我能与其他同学团结协作，分享交流	☆☆☆☆☆
	我能不断反思，形成一定的批判精神	☆☆☆☆☆

读一读

物联网的广泛用途

物联网技术的发展导致海量数据的产生，对大数据、云计算等技术的发展提出了新的需求，同时也为人工智能技术的发展奠定了基础。正是多种技术的相互依赖、相互促进、

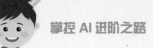
相互融合，促进了现代科学技术的突飞猛进。

物联网技术在很多领域取得了快速发展与普及，改变着人类的生活和生产方式。下面以智能农业为例列举部分应用。

物联网在精准农业、智能耕种、农产品智能安全管理等方面得到了较好的运用。如图 7-11 所示，在应用了物联网技术的大棚中，会安置土壤温 / 湿度传感器、光照传感器、太阳能二氧化碳传感器等，对农作物的生长环境进行实时监控，并通过加湿器、鼓风机、电磁阀等设备进行及时调整，极大地改善了农作物的收成，同时缩短了农作物的产出周期。物联网大棚的浇灌系统，就是依靠土壤湿度传感器监测土壤的水分情况，土壤水分数据通过物联网实时地发送到智能手机上，然后智能手机的指令通过物联网回传给电磁阀，实现对浇灌系统的远程控制了。

同时，通过长时间对某种农作物的生长动态和生长环境数据进行分析，能够获取到环境与植物生长状态、产量和质量的关系，帮助制定出最优的种植方案，从而真正实现智能农业。

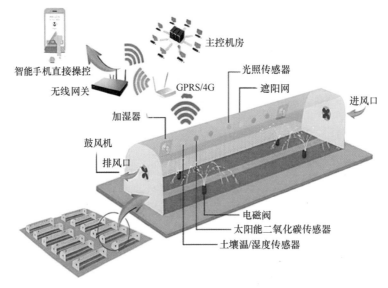

图 7-11　物联网农场

比一比

图 7-12、图 7-13 所示是项目 7 "穿衣小帮手" 的完整示例程序，我们可以将自己编写的程序和示例程序进行对比，说一说各有什么优点。

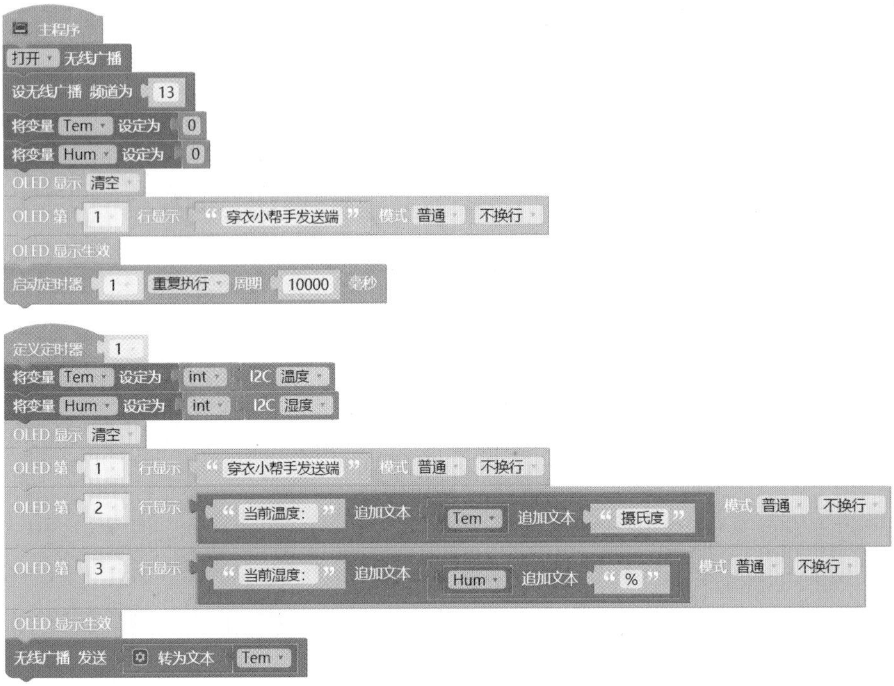

图 7-12　项目 7 发送端完整示例程序

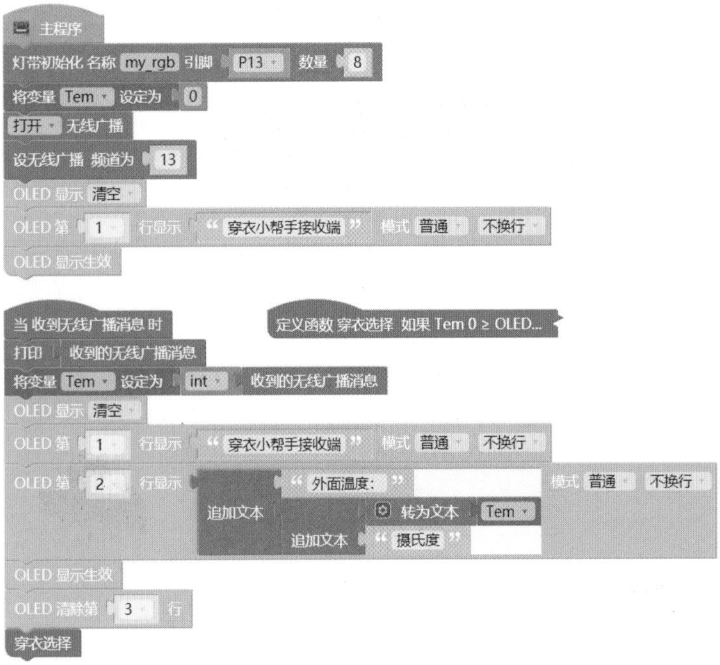

图 7-13　项目 7 接收端完整示例程序

项目 8　物联网班牌

情境描述

人工智能在智慧校园的建设中发挥着重要作用。源于 AI 图像识别技术的二维码识别已经被广泛应用到生活场景中：扫码支付、扫码骑车、扫码登记等。因此，小明想借助掌中宝、AI 摄像头，融合物联网技术，制作一款扫码签到的物联网班牌，让校园考勤管理更方便，如图 8-1 所示。

图 8-1　物联网班牌

想一想

该如何制作一款扫码签到的物联网班牌呢？

要设计制作扫码签到的物联网班牌，我们可以分成两个步骤。
①通过AI摄像头扫描代表学生身份的二维码进行身份识别。
②通过物联网平台将识别到的人名发到后台管理端。

学一学

1. AI 摄像头与二维码识别

作为图像识别的一个重要分支，二维码识别技术的应用在我们的生活中随处可见，如扫码支付、信息登记、共享单车骑行、地铁快捷进站，都有它的身影。那二维码识别到底是怎么一回事呢？一起来了解一下吧。

（1）二维码识别

二维码是一种用几何图形来表示数据信息的编码形式。作为一种新型的数据信息实时传输工具，二维码在存储信息和传播信息上极具优势，极大地便利了人们的生活。其核心技术是二维码图像预处理技术，可以实现对于信息的识别。二维码识别过程：通过摄像头等图像采集设备，扫描含有条码的图像，经过条码定位、分割和解码 3 个步骤实现条码包含信息的识别。

（2）AI 摄像头的二维码识别

利用 AI 摄像头进行二维码识别，需要先下载程序，然后按如下步骤进行操作。

①程序刷入掌中宝运行后，AI 摄像头进入二维码识别模式，拿起摄像头对着二维码进行识别时，可看到有绿色边框框住二维码（见图 8-2）。

图 8-2　准备学习二维码

②录入二维码数据（见图 8-3）。将 AI 摄像头对着第一个要添加的二维码，出现绿色边框时按下摄像头的 A 键，录入第一个二维码数据。接着将 AI 摄像头对着第二个要添加的二维码，按下摄像头的 A 键，录入第二个二维码数据（注：程序中设置了识别几个二维码，就重复几次以上过程）。

图 8-3　添加二维码

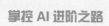
③学习成功后，对着任意一个二维码进行识别，如果识别成功，那么在白色边框和显示屏左上角将会出现 ID 与二维码信息（见图 8-4）。

图 8-4　识别已经学习的二维码

2. 物联网

物联网（Internet of Things，IoT），即"万物相连的互联网"，是在互联网基础上延伸和扩展的网络，其将各种信息传感设备与网络结合起来，实现任何时间、任何地点，人、机、物的互联互通。物与物、人与物之间的信息交互是物联网的核心。物联网的基本特征可概括为整体感知、可靠传输和智能处理。

整体感知：利用射频识别、二维码、智能传感器等感知设备感知获取物体的各类信息。

可靠传输：通过与互联网、无线网络的融合，将物体的信息实时、准确地传送，实现信息的交互与共享。

智能处理：使用各种智能技术，对感知和传送到的数据、信息进行分析处理，实现监测与控制的智能化。

图 8-5 所示是我们要用到的 Easy IoT 物联网平台。

平台使用具体步骤见图 8-5 和图 8-6。

图 8-5　平台使用步骤①~②

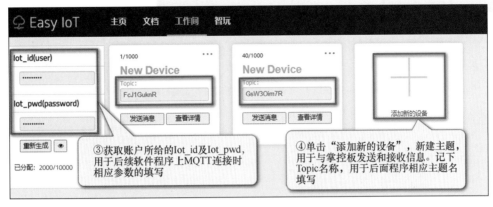

图 8-6 平台使用步骤③~④

想一想

明白了二维码识别原理和物联网的作用，我们需要对扫码签到的物联网班牌进行系统分析，对整个作品进行分解（见表 8-1），便于作品的制作与后期调试。

表 8-1 扫码签到的物联网班牌的作品分解

希望实现的功能	需要的器材	用到的编程模块
对学生身份进行识别	利用 AI 摄像头及其二维码识别模块	二维码识别初始化 摄像头 默认 ▾ 按A键按顺序添加二维码数据，二维码数量 1 运行识别 识别结果 ID ▾
设计物联网班牌的外观	利用金属结构件搭建的形式设计制作	
将识别到的学生身份信息发送到管理后台	利用软件支持的物联网平台 Easy IoT 实现数据通信	⋏ 变量　MQTT·Easy IoT 〉高级　服务器　"182.254.130.180" ∨ 扩展　Client ID　" " ⧉ MQTT ×　Iot_id　"SyWH2Af2sV" ⊕ 添加　Iot_pwd　"BJfSnAzni4" ⊡ 代码库 　　　　　mPython MQTT 　　　　　接入设备id　" " 　　　　　服务器ip地址　"192.168.1.65" 　　　　　端口号　1883

按照前面的系统分析，除了电路的搭建，我们还需要完成外观结构的制作。请同学们绘制扫码签到的物联网班牌的设计草图，图 8-7 所示为小明设计的物联网班牌的设计草图，请你也来绘制一个吧！

草图设计示意图	我绘制的物联网班牌示意图
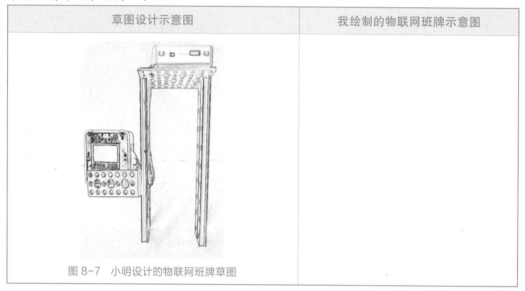图 8-7　小明设计的物联网班牌草图	

做一做

　　对物联网班牌完成了系统的分析后，我们按照步骤一步步来完成这个的作品吧！

1. 电路连接

　　在开始编写程序之前，我们需要将 AI 摄像头与掌中宝连接起来。AI 摄像头的黄线接掌中宝的 P15 引脚、白线接 P16 引脚、红线接正极、黑线接负极，电路连接如图 8-8 所示。

图 8-8　物联网班牌电路连接图

2. 物联网平台搭建

根据前面的步骤搭建物联网平台 Easy IoT，注册账户，获得账户所给的 Iot_id 及 Iot_pwd，并记下新建设备的 Topic 名称，用于后面程序相应参数的填写（见图 8-9）。

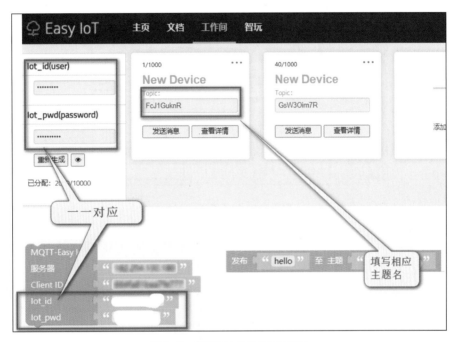

图 8-9　获得相应参数用于程序中

3. 程序编写

我们将各个模块的编程指令拼接起来，完成物联网班牌的程序设计。该程序设计主要可以分成 4 个部分。

① 初始化。掌中宝外接 AI 摄像头后，程序上也要将引脚进行设置匹配，同时连接网络为连接物联网平台做准备，并在显示屏显示签到欢迎界面，如图 8-10 所示。

图 8-10　初始化程序

② 物联网平台测试。按前面搭建的物联网平台设置物联网参数，同时发送数据信息给平台主题进行测试，如图 8-11 所示。

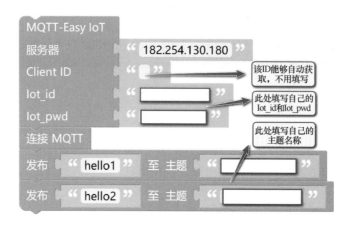

图 8-11　物联网平台测试

③ 二维码识别的初始化。在录入二维码时，需要对二维码录入数量进行设置，这里我们设置数量为 2（只录入两个二维码），如图 8-12 所示。同时，大家一定要记得按下 AI 摄像头的 A 键添加二维码数据。

图 8-12　二维码识别初始化

④ 把识别结果赋值给变量 id，当 AI 摄像头识别到相应学生二维码（id 为 0 或 1）时，掌控板显示屏提示签到成功，同时将学生的签到情况通过网络实时发给后台管理端，如图 8-13 所示。

4. 组装与调试

请同学们搭建好物联网班牌的外观结构，按照前面的编程思路完善自己的程序，并将程序刷入掌中宝中，试试打卡签到效果与传输效果，和我们预期的有差距吗？

5. 迭代与升级

每一件初创作品都有很大的改进空间，在制作过程中，大家一定能意识到作品的不足之处，那么，可以采用什么方式去进行改进呢？请在表 8-2 中进行记录。

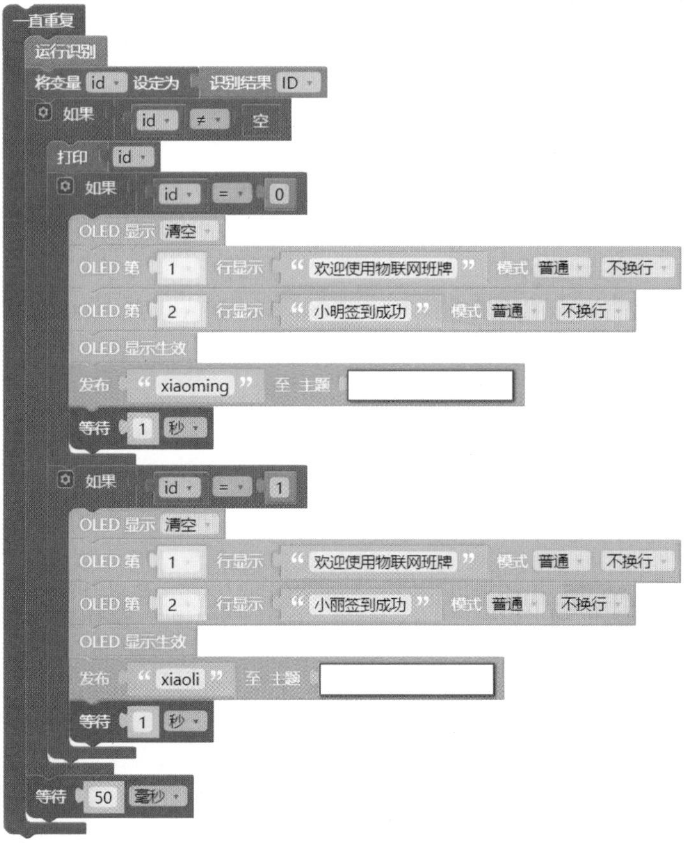

图 8-13　开始二维码识别并把判断结果发给后台管理端

表 8-2　作品优化记录表

不足之处	改进措施

评一评

1. 我们的分享

创客的精神在于分享，请同学们在班上展示、分享自己的作品，说一说你对该作品最满意的部分，并在表 8-3 中进行记录。

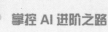

表8-3　作品分享陈述表

分享内容	作品的创新点	
	作品的功能演示	
	在作品制作过程中的反思	
	对作品进行的改进和升级	
如何分享	分享展示，需要做哪些准备	
	我的分享重点	
	小组分工的特点	

2. 我们的反思

在项目制作的过程中，我们遇到了一些困难，在表8-4中记录遇到的问题和解决办法，便于以后作品的升级与优化。

表8-4　作品反思记录表

遇到的困难	我们的反思

3. 我们的评价

请拿出你们的画笔，在表8-5中填涂自己的评价等级，5颗星表示卓越，4颗星表示优秀，3颗星表示良好，2颗星表示一般，1颗星表示继续努力。

表8-5　学习评价量表

评价维度	评价标准	我的星数
项目作品	我能用二维码实现身份识别	☆☆☆☆☆
	我的程序设计合理，能实现预期功能	☆☆☆☆☆
	我能用相应物联网平台实现数据信息的通信	☆☆☆☆☆

续表

评价维度	评价标准	我的星数
学习表现	我能主动探索，遇到问题积极解决	☆☆☆☆☆
	我能与其他同学团结协作，分享交流	☆☆☆☆☆
	我能不断反思，形成一定的批判精神	☆☆☆☆☆

读一读

智慧校园

目前的智慧校园，主要利用物联网、云计算、智能分析等新一代信息技术，为师生提供智慧化教学、学习、生活环境，从而形成基于信息化、智能化管理与服务的新型管理形态校园。

智慧校园以校园物联网为基础，将整个校园的教育信息化设备，包括基础设备（灯、空调、电动窗帘等）、班班通教学设备（触控一体机、视屏展台、教室扩声系统等）、校园广播系统、校园监控系统、智慧班牌、校园门禁等，全部融合到一个平台管理，让校园实现智慧超融合、智慧便捷化、智慧可视化，真正做到"物信融合，掌控全校"。接下来，我们通过智能门禁和智慧考勤来了解一下智慧校园的典型应用场景。

智能门禁

智能门禁控制系统通过管理软件对用户进行人脸授权，用户在人脸识别终端认证，控制器再做出是否打开对应门锁的动作，软件部分可以实时反映所有人员进出信息、体温，门的状态信息和相关报警信息等。利用智能门禁系统可以有效管理出入人员，增强场所安全性。

智慧考勤

在校门出入口安装两个定向 RFID，将电子标签卡佩戴在学生身上，学生经过门口便会自动上传考勤数据，还能将学生到校的信息发送给家长。楼内安装全向 RFID 及对应位置的地标器，人员经过该区域后，对应人员信息也能被自动上传到服务器管理端，方便学校的整体管理。

比一比

图 8-14 所示是项目 8 "物联网班牌"的完整示例程序，我们可以将自己编写的程序和示例程序进行对比，说一说各有什么优点。

主程序
连接 Wi-Fi 名称 [____] 密码 [____]
OLED 显示 清空
OLED 第 [1] 行显示 " 欢迎使用物联网班牌 " 模式 普通 不换行
OLED 显示生效
MQTT Easy IoT
服务器 " 182.254.130.180 "
Client ID " 123 "
Iot id " [____] "
Iot pwd " [____] "
连接 MQTT
发布 " hello1 " 至 主题 " [____] "
发布 " hello2 " 至 主题 " [____] "
AI 摄像头 初始化 tx [P16] rx [P15]
二维码识别初始化 摄像头 默认
按A键按顺序添加二维码数据，二维码数量 [2]
一直重复
　运行识别
　将变量 id 设定为 识别结果 ID
　如果 [id] [≠] 空
　　打印 [id]
　　如果 [id] [=] 0
　　　OLED 显示 清空
　　　OLED 第 [1] 行显示 " 欢迎使用物联网班牌 " 模式 普通 不换行
　　　OLED 第 [2] 行显示 " 小明签到成功 " 模式 普通 不换行
　　　OLED 显示生效
　　　发布 " xiaoming " 至 主题 " gOkQwMFZR "
　　　等待 [1] 秒
　　如果 [id] [=] 1
　　　OLED 显示 清空
　　　OLED 第 [1] 行显示 " 欢迎使用物联网班牌 " 模式 普通 不换行
　　　OLED 第 [2] 行显示 " 小丽签到成功 " 模式 普通 不换行
　　　OLED 显示生效
　　　发布 " xiaoli " 至 主题 " HAVwwMKWg "
　　　等待 [1] 秒
　等待 [50] 毫秒

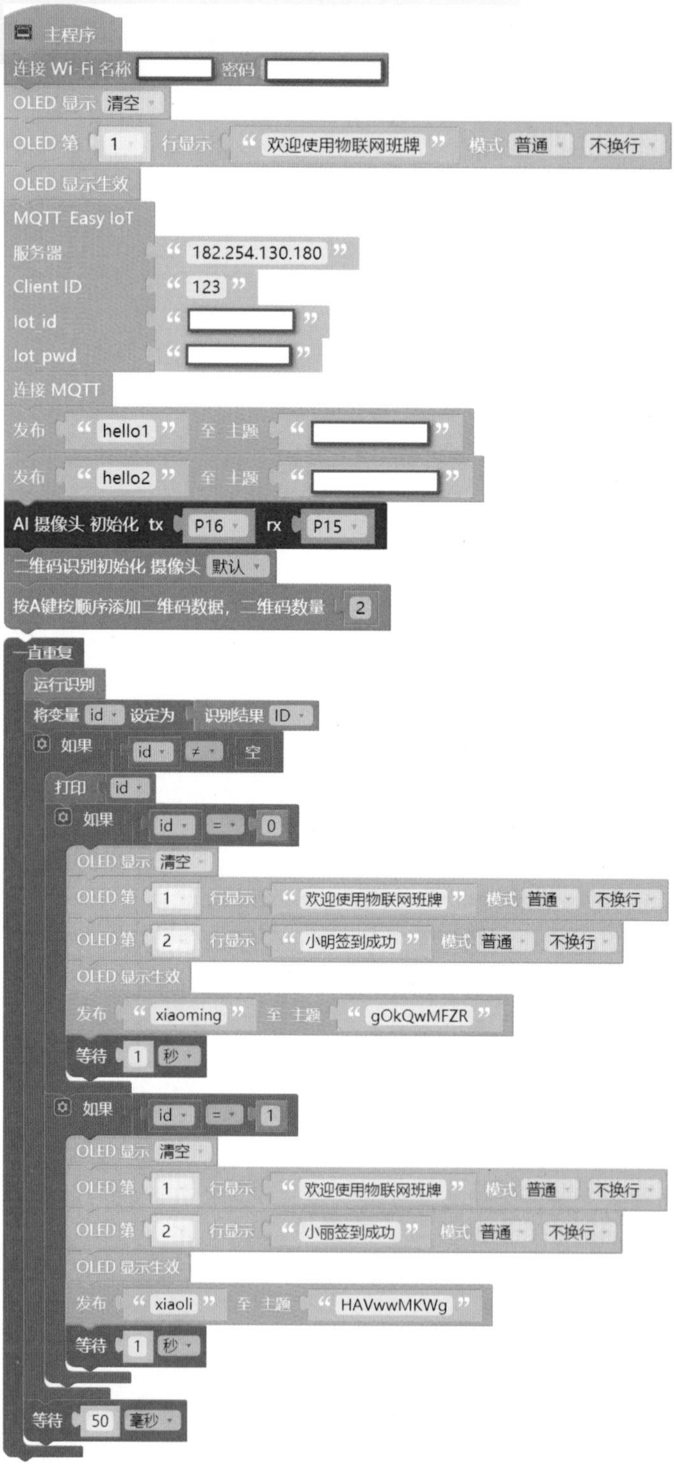

图 8-14　项目 8 完整示例程序

项目 9　无人也驾驶

情境描述

　　自动驾驶汽车技术依靠人工智能、视觉计算、雷达、监控装置和全球定位系统协同合作，让计算机可以在没有任何人类主动的操作下，自动安全地操作机动车辆。今天，小明想借助掌中宝和 AI 摄像头模拟实现部分自动驾驶功能，如图 9-1 所示。

图 9-1　自动驾驶小车

想一想

无人驾驶到底是如何实现的呢？

要让小车实现无人驾驶，我们至少要解决两个问题。
① 用 AI 摄像头识别路标。
② 根据不同路标，让车轮完成不同的指令动作。

学一学

1. TT 电机

如图 9-2 所示，TT 电机是直流减速电机的一种，在普通直流电机的基础上，加上配套齿轮减速箱。

齿轮减速箱的作用是提供较低的转速，较大的力矩。同时，齿轮箱不同的减速比可以提供不同的转速和力矩。这大大提高了直流电机在自动化行业中的使用率。减速电机是指减速机和电机（马达）的集成体。这种集成体通常也可称为齿轮马达或齿轮电机。

①减速机部分：据类型不同会有较大差距，主要有齿轮、轴承、蜗轮、蜗杆等。

②电机部分包括定子和转子。

定子：主磁极、换向极、机座、电刷装置。

转子：电枢铁心、电枢绕组、换向器、转轴。

图 9-2　TT 电机

2. 路标学习

选取两个路标，让 AI 摄像头学习（见图 9-3）。

图 9-3　学习用路标

学习路标的操作主要分为两部分，即按 AI 摄像头的 A 键确定物体分类的 ID，按 AI 摄像头的 B 键添加物体分类的训练集图片。首先，刷入程序后，AI 摄像头的显示屏上将显示"按 A 键按顺序添加分类图片"字样。根据程序逻辑，当识别 ID 为 0 时，小车右转，因此将 AI 摄像头对着"右转"路标，按下 A 键，摄像头的显示屏上将显示"添加分类图片，ID:0"字样；随后对着"直行"路标，再按下 A 键，显示屏上将显示"添加分类图片，ID:1"字样。确定两种路标的 ID 后，AI 摄像头的显示屏上将显示"按 B 键添加训练集图片"字样，此时，将摄像头对着路标，按下 B 键采集路标的图片，根据程序，共采集两种路标 10 张图片，采集完图片后，将自动进入训练学习，之后则进入识别状态。

想一想

明白了 TT 电机的作用，知道了如何利用 AI 摄像头学习图片，我们需要对无人驾驶小车进行系统分析，对整个作品进行分解（见表 9-1），便于作品的制作与后期调试。

表 9-1　无人驾驶小车的作品分解

希望实现的功能	需要的器材	用到的编程模块
让小车跑起来	利用两个 TT 电机控制小车的运动	扩展板 打开直流电机 M1 ▾ 正转 ▾ 速度 100 扩展板 关闭直流电机
让 AI 摄像头学习路标	利用 AI 摄像头对应的软件模块对路标进行学习	自学习分类初始化 分类数量 3 训练集数量 15 摄像头 默认 ▾ 按A键按顺序添加分类图片 按B键添加训练集图片 训练
让 AI 摄像头识别路标	识别物体的 ID	运行识别 识别 ID ▾

试一试

按照前面的系统分析，除了电路的搭建，我们还需要完成外观结构的制作。请同学们对自己的无人驾驶小车进行草图设计，图 9-4 所示为小明设计的无人驾驶小车草图，请你也来绘制一个吧！

草图设计示意图	我绘制的无人驾驶小车示意图
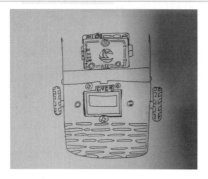图 9-4　小明设计的无人驾驶小车草图	

做一做

对无人驾驶小车的设计与制作完成了系统的分析后，我们按照步骤一步步来完成这个作品吧！

1. 电路连接

使用两个 TT 电机，分别接在掌中宝的 M1 和 M2 接口；AI 摄像头通过接口同掌中宝连接，黑线接 GND 引脚，红线接 VCC 引脚，黄线接 P15 引脚，白线接 P16 引脚，电路连接如图 9-5 所示。

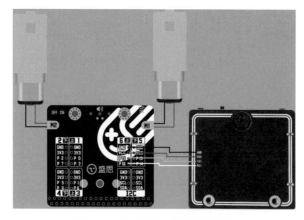

图 9-5　无人驾驶小车电路连接图

2. 程序编写

电路连接成功后，需要将各个模块的编程指令拼接起来，完成无人驾驶小车的程序设计。该程序设计主要可以分成 3 个部分。

① 路标的学习。对照电路连接，进行 AI 摄像头的初始化。分"右转""直行"两个路标模型进行学习和训练，如图 9-6 所示。

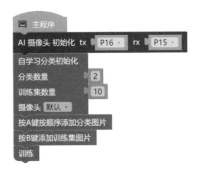

图 9-6　训练和保存模型

①使用变量存放要分类的几类物体的名称，要识别多少类物体，就定义相应数量的名称存放到列表中。
②分类的物体有多少种，分类数量就设置为相同的数值，理论上可分类的数量无上限，但实际上会受硬件的限制，该数值尽量不超过10。该数值的大小会影响下面"添加分类图片"的操作。
③训练集数量是指提供给AI摄像头学习的图片（照片）的数量，该数量为几种物体图片数量的总和。该数值的大小会影响下面"添加训练集"图片的操作。其中每一类物体的训练集数量以5~10张为宜。

② 识别路标。应用模型进行识别，将 AI 摄像头识别出的 ID 存入变量 temp，将识别准确度存入变量 value，识别准确度范围为 0~11，数值越小表示识别准确度越高，为了保证识别结果的准确性，可以规定一个识别准确度的范围，该数值可以自行调整。如果变量值为 0，且识别准确度较高，意味着 AI 摄像头识别到右转路标，对应让小车右转；如果变量值为 1，且识别准确度较高，表明 AI 摄像头识别到直行路标，对应让小车直行；如果是其他情况，表示没识别到这两个图标中的任何一个，就让小车停止。AI 摄像头识别路标程序如图 9-7 所示。

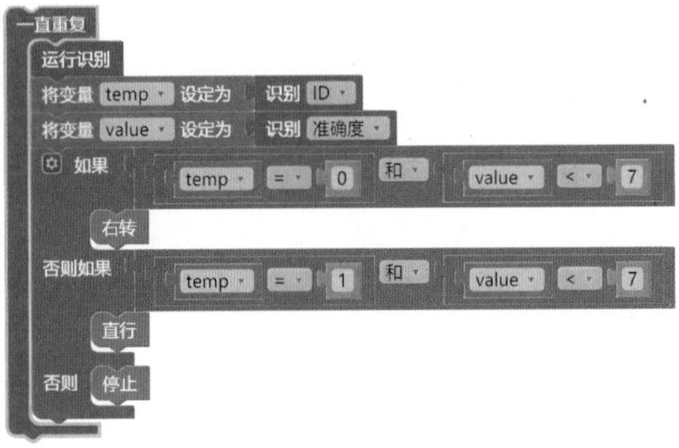

图 9-7　AI 摄像头识别路标程序

③ 小车按指令运动。编写"右转""直行""停止"3 个函数，3 个函数分别完成小车运动的控制和 OLED 显示屏对应图标的显示。小车按指令运动程序如图 9-8 所示。

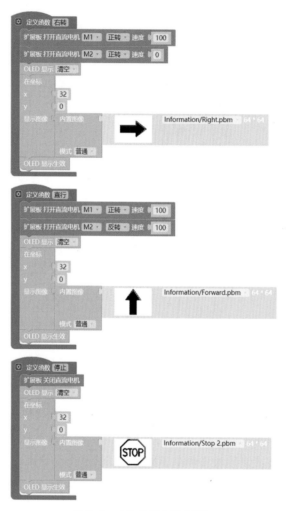

图 9-8　小车按指令运动程序

3. 组装与调试

请同学们搭建好无人驾驶小车的外观结构，按照前面的编程思路完善自己的程序，并将程序刷入掌中宝中，感受一下无人驾驶小车的路标识别和运动指令是否匹配，和我们预期的有差距吗？

4. 迭代与升级

每一件初创作品都有很大的改进空间，在制作过程中，大家一定能意识到作品的不足之处，那么，可以采用什么方式去进行改进呢？请在表 9-2 中进行记录。

表 9-2 作品优化记录表

不足之处	改进措施

评一评

1. 我们的分享

创客的精神在于分享，请同学们在班上展示、分享自己的作品，说一说你对该作品最满意的部分，并在表 9-3 中进行记录。

表 9-3 作品分享陈述表

分享内容	作品的创新点	
	作品的功能演示	
	在作品制作过程中的反思	
	对作品进行的改进和升级	
如何分享	分享展示，需要做哪些准备	
	我的分享重点	
	小组分工的特点	

2. 我们的反思

在项目制作的过程中，我们遇到了一些困难，在表9-4中记录遇到的问题和解决办法，便于以后作品的升级与优化。

表 9-4 作品反思记录表

遇到的困难	我们的反思

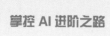
3. 我们的评价

请拿出你们的画笔，在表 9-5 中填涂自己的评价等级，5 颗星表示卓越，4 颗星表示优秀，3 颗星表示良好，2 颗星表示一般，1 颗星表示继续努力。

表 9-5　学习评价量表

评价维度	评价标准	我的星数
项目作品	我能完成对路标的训练	☆☆☆☆☆
	我的程序设计合理，能实现预期功能	☆☆☆☆☆
	我的作品能有效识别路标，根据路标实现不同指令	☆☆☆☆☆
学习表现	我能主动探索，遇到问题积极解决	☆☆☆☆☆
	我能与其他同学团结协作，分享交流	☆☆☆☆☆
	我能不断反思，形成一定的批判精神	☆☆☆☆☆

读一读

监督学习与无监督学习

机器学习的方法通常是学习已知数据中蕴含的规律或者判断规则。

机器学习有多种不同的方式，最常见的是监督学习和无监督学习。

监督学习也被称为有监督训练，需要标注者预先对数据进行标注，然后利用已标注的数据训练模型。数据标注的好坏，直接影响训练出模型的好坏。例如，家长告诉幼儿哪个动物是猫、哪个动物是狗，这样在幼儿的头脑中就会形成猫或狗的印象（相当于建构模型），然后，看到一只没见过的小猫，如果幼儿能说出"这是一只猫"，那说明小朋友分类成功，但是，如果回答是"这是一条狗"，这时候，家长就会纠正，这样不停地训练，在小朋友的认知体系中，就能分辨猫和狗了。

与监督学习相反，无监督学习不需要标签数据，机器可以自动从数据中找出规律并对数据进行归类。比较有名的无监督学习算法有 K 均值聚类、关联规则分析、主成分分析、受限玻尔兹曼机和自编码器等。目前在深度学习中，最有前景的无监督学习算法是生成式对抗网络。

比一比

图 9-9 所示是项目 9 "无人也驾驶"的完整示例程序，我们可以将自己编写的程序和示例程序进行对比，说一说各有什么优点。

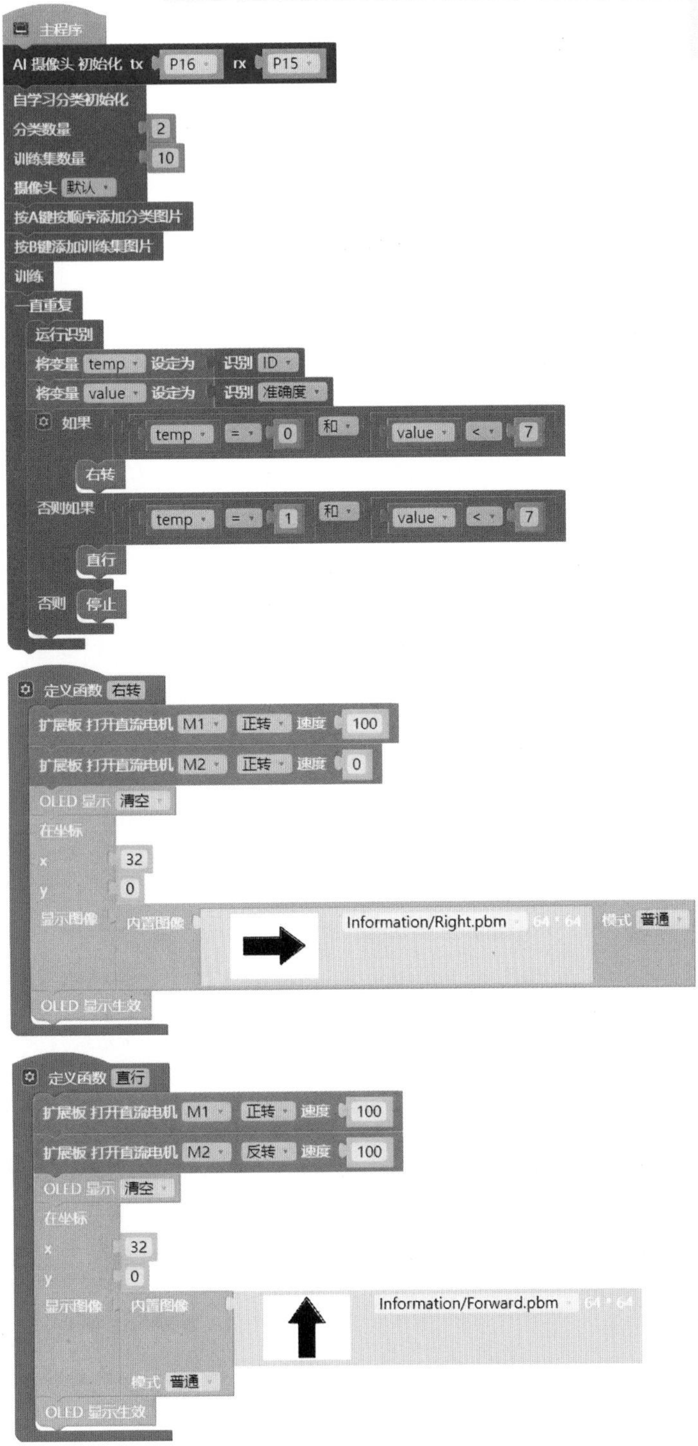

主程序

AI 摄像头 初始化 tx `P16` rx `P15`

自学习分类初始化
分类数量 `2`
训练集数量 `10`
摄像头 `默认`
按A键按顺序添加分类图片
按B键添加训练集图片
训练
一直重复
　运行识别
　将变量 `temp` 设定为 识别 `ID`
　将变量 `value` 设定为 识别 `准确度`
　如果　(`temp` `=` `0` 和 `value` `<` `7`)
　　　右转
　否则如果　(`temp` `=` `1` 和 `value` `<` `7`)
　　　直行
　否则　停止

定义函数 右转
扩展板 打开直流电机 `M1` `正转` 速度 `100`
扩展板 打开直流电机 `M2` `正转` 速度 `0`
OLED 显示 `清空`
在坐标
x `32`
y `0`
显示图像　内置图像　Information/Right.pbm `64 * 64` 模式 `普通`
OLED 显示生效

定义函数 直行
扩展板 打开直流电机 `M1` `正转` 速度 `100`
扩展板 打开直流电机 `M2` `反转` 速度 `100`
OLED 显示 `清空`
在坐标
x `32`
y `0`
显示图像　内置图像　Information/Forward.pbm `64 * 64`
模式 `普通`
OLED 显示生效

图 9-9　项目 9 完整示例程序

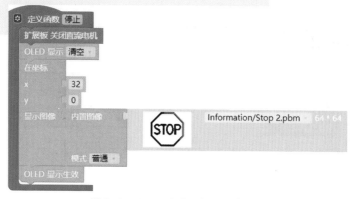

图 9-9　项目 9 完整示例程序（续）

项目 10 创意加工厂

同学们，通过前面掌中宝、配套电子元器件和 AI 摄像头的应用，大家了解了项目创作的一般流程，掌握了掌中宝、AI 摄像头及 mPython 编程平台的使用方法，接下来我们需要设计创作一款完全由团队自主创作的智能作品，开动小脑筋，动起来吧！

创作主题

掌控未来，智慧生活。

自主创意

围绕主题，通过搜索网络、咨询导师，采取联想法、缺点列举法、希望点列举法、逆向思维法、组合法等方法，合理提取设计元素，进行自主创意设计，在表 10-1 中记录。

表 10-1 我的创意设计表

生活中需要解决的问题	想要设计的作品	智能设计应用场景描述
设计草图		

1. 头脑风暴

基于每个人的项目，展开小组讨论，通过思维碰撞、创意迭代，达成团队共识，形成团队制作项目主题，在表10-2、表10-3中进行记录。

表10-2　创意设计记录表

创意名称	创意说明

表10-3　小组共识

项目名称	
作品主要功能	
材料及工具	
要解决的核心问题	
可能遇到的问题	
作品主要创新点	

2. 团队分工

在组长的组织下，进行创意的设计、制作、调试、展示等，将小组分工记录在表10-4中。

表10-4　小组分工记录表

小组名称			
组长			
组员姓名		具体分工	

3. 方案构思

通过前期资料的收集与小组合作探究，我们已经确定了项目创作方向，接下来我们可以规划项目设计方案，梳理创作过程，并在表10-5中进行记录。

表 10-5 项目作品设计方案

项目设计	造型特征:
	功能特点:
	文化、学科融合:
项目准备	电子元器件:
	材料:
	工具:
	电路连接:
	程序编写:
注意事项:	

4. 项目实施

电路图连接:

实物搭建:

程序设计:

作品调试:

5. 产品优化

在创意制作及调试期间，我们发现作品还有很多不足之处，可以在后面加以完善，实现迭代升级，在表 10-6 中进行记录。

表 10-6　作品不足与改进措施

不足之处	改进措施

展示计划

按照表 10-7 的思路，拟定作品展示计划，制作媒体材料，进行展示准备。

表 10-7　作品展示与陈述计划

由谁展示？	主讲人	
	辅助人	
展示什么？	作品的功能演示	
	作品的创新点	
	在作品制作过程中的反思	
怎么展示？	我需要做哪些展示准备？	
	我展示的重点是什么？	

多元评价

通过设计制作智能项目，同学们在项目实施过程中一定是收获满满，请大家对照表 10-8 进行评价。

表 10-8　项目评价表

评价指标	评价结果	评价者
提出有创意的点子，能设计详尽的可实施方案	□ A □ B □ C □ D	□自己□他人
积极参加活动并认真完成分工任务，能帮助小组中的其他成员	□ A □ B □ C □ D	□自己□他人
与小组成员互相协作、互相帮助，沟通良好，在项目实施过程中善于发现问题，寻求解决方案	□ A □ B □ C □ D	□自己□他人
作品外观造型有特色，程序设计能很好地实现功能，具有一定创新精神，得到了老师、同学的肯定	□ A □ B □ C □ D	□自己□他人
作品展示时积极参与，实践能力得到提升	□ A □ B □ C □ D	□自己□他人
综合评价：		